改訂
新版

すぐわかる

石村園子・畑 宏明 著

微分方程式

改訂新版　すぐわかる微分方程式

はじめに

　もし人類が数学を創造していなかったら，現在皆さんが手放せないスマホも存在していなかったことでしょう．今や数学はあらゆる分野に浸透し，この世の中にますます必要不可欠なツールとなっています．皆さんが小さいころから少しずつ培ってきた数学リテラシーを，大学でさらに磨いて下さい．

　ニュートンやライプニッツが微分積分を創造して以来，理工系分野において現象を解明するときに最もよく使われてきた手段が微分方程式です．しかし今，この手法はあらゆる分野で使われています．自然現象や生命現象から人口問題，物の流行，商品のマーケティング，金融商品にいたるまで，各分野の専門家達は得られたデータをもとに研究対象の数理モデルをつくり，微分方程式などの式に表します．それを解いて現象を表す曲線を求め，その現象がどのようなメカニズムで生じるのかを解明し，さらには将来の予測にも役立てようとするのです．2019 年から猛威をふるってきた新型コロナウィルスの感染対策にも微分方程式を使った数理モデルが大いに役立ったことは記憶に新しいところです．

　本書は微分方程式の入門書として，「微分方程式を解く」ということに主眼をおいて学習していきます．微分積分の基礎的な知識が必要なことはもちろんですが，後半では線形代数の知識も少し必要となります．勉強を始める前から不安を覚える人も多いことでしょう．しかし心配はいりません．本書は微分積分や線形代数が不得意だった人でも無理なく学習できるようになっています．厳密な数学的証明は避け，その概念や性質の大まかな把握ができるよう，やさしく解説してあります．例題もなるべく飛躍のないように解答を付け，演習は例題をまねながら解けるよう，解法の手順に従いながら□□□に書き込む形式になっています．もちろん例題を理解した後，何も見ずに自分でノートに解いてもよいでしょう．本書を一通り学習すれば，微分方程式の基礎的な知識は身についています．次のステップである「フーリエ解析」や「偏微分方程式」，さらには専門分野の研究へと進んでください．

本書は『すぐわかる微分方程式』(1995 年出版)，それに続く『改訂版 すぐわかる微分方程式』(2017 年出版) をさらに加筆修正したものです．お陰さまで大学生から社会人，数学大好き人（?）など，多くの方々のご支持を受け，28 年間増刷りを続けることが出来ました．その間いろいろなご質問やご指摘も多く受けました．どうもありがとうございました．時代の要請を受け，さらに新しくなった本書も皆さまのお役にたてば，著者としてこの上ない喜びです．

本書の執筆にあたりましては東京図書編集部の皆さまには大変お世話になりました．この場をかりましてお礼申し上げます．

2023 年 10 月吉日　　　　　　　　　　　　　　　石村　園子

畑　宏明

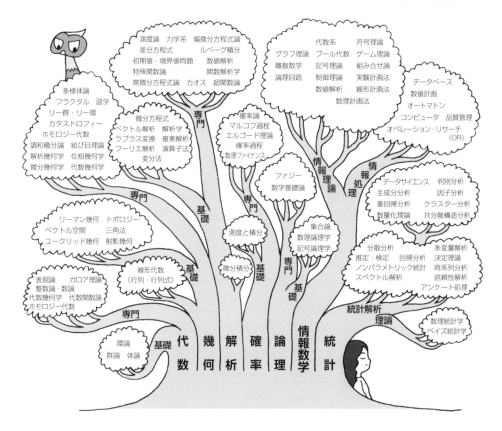

■目次

第 1 章　1階常微分方程式　　1

● **装幀**　今垣知沙子

● **イラスト**　いずもり・よう

Column

■微分積分の主な公式

指数法則	対数法則
$e^{\alpha}e^{\beta}=e^{\alpha+\beta}$	$\log\alpha\beta=\log\alpha+\log\beta$
	$\log\dfrac{\alpha}{\beta}=\log\alpha-\log\beta$
$(e^{\alpha})^{\beta}=e^{\alpha\beta}$	$\alpha\log\beta=\log\beta^{\alpha}$
	$\log e=1$
$e^{0}=1$	$\log 1=0$

$$e^{\alpha}=\beta \quad\Longleftrightarrow\quad \alpha=\log\beta$$

三角関数	
$\sin^{2}\theta+\cos^{2}\theta=1$	$\sin(-\theta)=-\sin\theta$
$\tan\theta=\dfrac{\sin\theta}{\cos\theta}$	$\cos(-\theta)=\cos\theta$
	$\tan(-\theta)=-\tan\theta$
$1+\tan^{2}\theta=\dfrac{1}{\cos^{2}\theta}$	

加法定理

$$\sin(\alpha\pm\beta)=\sin\alpha\,\cos\beta\pm\cos\alpha\,\sin\beta$$

$$\cos(\alpha\pm\beta)=\cos\alpha\,\cos\beta\mp\sin\alpha\,\sin\beta$$

$$\tan(\alpha\pm\beta)=\frac{\tan\alpha\pm\tan\beta}{1\mp\tan\alpha\,\tan\beta} \qquad \text{(複号同順)}$$

和と積の公式

$$\sin\alpha+\sin\beta=2\sin\frac{\alpha+\beta}{2}\cos\frac{\alpha-\beta}{2}$$

$$\sin\alpha-\sin\beta=2\cos\frac{\alpha+\beta}{2}\sin\frac{\alpha-\beta}{2}$$

$$\cos\alpha+\cos\beta=2\cos\frac{\alpha+\beta}{2}\cos\frac{\alpha-\beta}{2}$$

$$\cos\alpha-\cos\beta=-2\sin\frac{\alpha+\beta}{2}\sin\frac{\alpha-\beta}{2}$$

逆三角関数
$\sin^{-1}A=B \Leftrightarrow A=\sin B \quad \left(-\dfrac{\pi}{2}\leqq B\leqq\dfrac{\pi}{2}\right)$
$\cos^{-1}A=B \Leftrightarrow A=\cos B \quad (0\leqq B\leqq\pi)$
$\tan^{-1}A=B \Leftrightarrow A=\tan B \quad \left(-\dfrac{\pi}{2}<B<\dfrac{\pi}{2}\right)$

微分公式	積分公式
$(k)' = 0$	
$(x^a)' = ax^{a-1}$	$\displaystyle\int x^a\, dx = \frac{1}{a+1}x^{a+1} + C \quad (a \neq -1)$
$(e^x)' = e^x$	$\displaystyle\int e^x\, dx = e^x + C$
$(\log x)' = \dfrac{1}{x}$	$\displaystyle\int \frac{1}{x}\, dx = \log|x| + C$
$(\sin x)' = \cos x$	$\displaystyle\int \sin x\, dx = -\cos x + C$
$(\cos x)' = -\sin x$	$\displaystyle\int \cos x\, dx = \sin x + C$
$(\tan x)' = \dfrac{1}{\cos^2 x}$	$\displaystyle\int \tan x\, dx = -\log|\cos x| + C$
$(\sin^{-1} x)' = \dfrac{1}{\sqrt{1-x^2}}$	$\displaystyle\int \frac{1}{\sqrt{1-x^2}}\, dx = \sin^{-1} x + C$
$(\cos^{-1} x)' = -\dfrac{1}{\sqrt{1-x^2}}$	
$(\tan^{-1} x)' = \dfrac{1}{1+x^2}$	$\displaystyle\int \frac{1}{1+x^2}\, dx = \tan^{-1} x + C$
$(f \cdot g)' = f' \cdot g + f \cdot g'$	$\displaystyle\int \frac{f'}{f}\, dx = \log|f| + C$
$\left(\dfrac{f}{g}\right)' = \dfrac{f' \cdot g - f \cdot g'}{g^2}$	$\displaystyle\int f' \cdot g\, dx = f \cdot g - \int f \cdot g'\, dx$
$\left(\dfrac{1}{g}\right)' = -\dfrac{g'}{g^2}$	$\displaystyle\int g(\varphi(x))\varphi'(x)\, dx = \int g(u)\, du$

公式を忘れていたら
こまめに確認しましょう

1 階常微分方程式

微分方程式とは…

【1】 微分方程式とは…

　微分方程式と聞くと，難しいイメージをもつかもしれない．しかし，微分方程式は身近な現象を解析するときに自然に現れる．ここでは，人口増加（減少）モデルを考えてみよう！

【人口増加（減少）モデル】

　最近，ニュースなどで「人口減少社会」というキーワードをよく見掛ける．実際，総務省統計局のホームページを確認すると，

"2022 年（令和 4 年）10 月 1 日現在の総人口は 1 億 2494 万 7 千人で，
2021 年 10 月から 2022 年 9 月までの 1 年間に 55 万 6 千人（－0.44％）の減少となった."

とある．

　人口増加率が－0.44％（減少率が 0.44％）ということは，簡単のため，仮に人口が 100 人いたとすれば，単位時間（この場合 1 年）で $100 \times (-0.0044) = -0.44$ より，0.44 人減る，つまり 1 年後は 99.56 人になる．さらに，この減少率が一定であれば，もう 1 年後には $99.56 \times (-0.0044) = -0.438$，つまり 0.438 人減ることになる．ここで，減少率が一定でも毎年同じ人数が減るわけではなく，減少量は減っていくことがポイントである．

　これから，人口を表す式を表現しよう．先の議論でわかっているのは次の関係である．

　　（単位時間あたりの人口増加（減少）量）＝（人口増加（減少）率）×（人口）

時刻 t での人口を $y(t)$ とする．このとき，時間 h 後の時刻 $t+h$ での人口は $y(t+h)$ となる．したがって，

$$（単位時間あたりの人口増加（減少）量）= \frac{時間\,h\,の間の人口増加（減少）量}{時間\,h}$$

$$= \frac{y(t+h)-y(t)}{h}$$

となる．一方，人口増加（減少）率を a とすると，

$$（人口増加（減少）率）×（人口）= ay(t)$$

ゆえに，

$$\frac{y(t+h)-y(t)}{h} = ay(t)$$

となる．さらに，両辺を $h \to 0$ として，極限をとると

$$\lim_{h\to 0} \frac{y(t+h)-y(t)}{h} = ay(t)$$

となる．よって導関数の定義から，関係式

導関数
$y'(t) = \lim\limits_{h\to 0} \dfrac{y(t+h)-y(t)}{h}$

$$y'(t) = ay(t) \qquad \cdots (1)$$

が成立する．

　このように導関数を含む方程式のことを**微分方程式**という．また，このような
モデルを**マルサスの人口増加モデル**という．マルサスは 18～19 世紀に活躍した
イギリスの経済学者である．

　今，$y(t) = Ce^{at}$（C は定数）とおくと，

$$y'(t) = aCe^{at} = ay(t)$$

より，(1) をみたす．このとき，$y(t) = Ce^{at}$ を微分方程式 (1) の**解**という．（この
解の求め方は §1.2 変数分離形 や §1.5
1 階線形微分方程式 で学ぶ．）

　具体的に日本の場合は，2022 年（令和 4
年）10 月 1 日現在の人口は約 1 億 2 千万人
で，$C = 12000$（万人），$a = -0.0044$ なの
で，日本の人口の時間変化は次のように表
され，グラフは右のようになる．

$$y(t) = 12000e^{-0.0044t}$$

このグラフをみると，最初に述べたよう

に減少率が一定でも毎年同じ人数が減るわけではなく，減少量は減っていくこと
が視覚的に理解できる．

【2】 微分方程式と解

さあ，これから本格的に微分方程式について学ぼう．

微分方程式を解き始める前に，専門用語の説明をしておくことにしよう．新しい語句が出てきて，いっぺんには頭に入らないかもしれないが，実際に問題を解きながら復習すれば自然と覚えるので心配はいらない．

y が x の 1 変数関数のとき，x と y および y の微分 y'，y''，y'''，… を含んだ方程式を**常微分方程式**という．たとえば

$$y' = 2x + y$$

$$y'' + 3xy' + \log x = e^x$$

次に，z が x と y の 2 変数関数のとき，x と y と z および z の偏微分 z_x，z_y，z_{xx}，z_{xy}，… を含んだ方程式を**偏微分方程式**という．たとえば

$$z_x z_y = xy$$

$$\frac{\partial^2 z}{\partial x^2} + \frac{\partial^2 z}{\partial y^2} = 1$$

z が多変数関数の場合も同様である．

常微分方程式，偏微分方程式をまとめて**微分方程式**という．

微分方程式において，その中にある微分の最高階数をその微分方程式の**階数**という．たとえば

$$y' = 2x + y \qquad \text{1 階の常微分方程式}$$

$$y'' + 3xy' + \log x = e^x \qquad \text{2 階の常微分方程式}$$

$$\frac{\partial^2 z}{\partial x^2} + \frac{\partial^2 z}{\partial y^2} = 1 \qquad \text{2 階の偏微分方程式}$$

> 1 変数関数　$y = f(x)$
> x：独立変数
> y：従属変数

> 2 変数関数　$z = f(x, y)$
> x, y：独立変数
> z：従属変数

$$y' = \frac{dy}{dx}, \ y'' = \frac{d^2y}{dx^2}, \ \cdots$$

$$z_x = \frac{\partial z}{\partial x}, \ z_y = \frac{\partial z}{\partial y}, \ z_{xy} = \frac{\partial^2 z}{\partial y \partial x}, \ \cdots$$

y' と $\dfrac{dy}{dx}$，
z_x と $\dfrac{\partial z}{\partial x}$ などは，
どちらの記号も使います

微分方程式をみたす関数のことを，その微分方程式の**解**といい，解を求めることを**解く**という．また，微分方程式において，これから解を求めたい関数のことを**未知関数**という．

いろいろな微分方程式の中で，解である関数がきれいな形で求まるものはきわめて少ない．また解の存在しない微分方程式もある．本書では“はじめて微分方程式を学ぶ”という立場に立ち，取り扱う微分方程式はすべて解が存在するものとし，さらにその解が比較的簡単な有理関数，指数関数，対数関数，三角関数などの積分計算により求まる微分方程式の解き方を紹介していく．

一般に n 階の常微分方程式の解のうち，**任意定数**（任意の値をとる定数）を n 個持っている解を**一般解**という．またそれらの任意定数に，ある特別な値を代入して求まる解を**特殊解**という．たとえば次の2階の常微分方程式を考えてみよう．

$$y'' - 3y' + 2y = 0 \qquad \cdots (*)$$

この方程式の解き方は後で学ぶが，一般解は任意定数を 2 つ持つ

$$y = C_1 e^x + C_2 e^{2x} \qquad (C_1, C_2 : \text{任意定数})$$

となる．C_1, C_2 がどんな値であっても，全部 $(*)$ の解となる．

$C_1 = 1,\ C_2 = 0$　とおくと　$y = e^x$

$C_1 = 0,\ C_2 = 1$　とおくと　$y = e^{2x}$

$C_1 = 1,\ C_2 = -2$　とおくと　$y = e^x - 2e^{2x}$

これら 1 つ 1 つは $(*)$ の特殊解である（下図）．

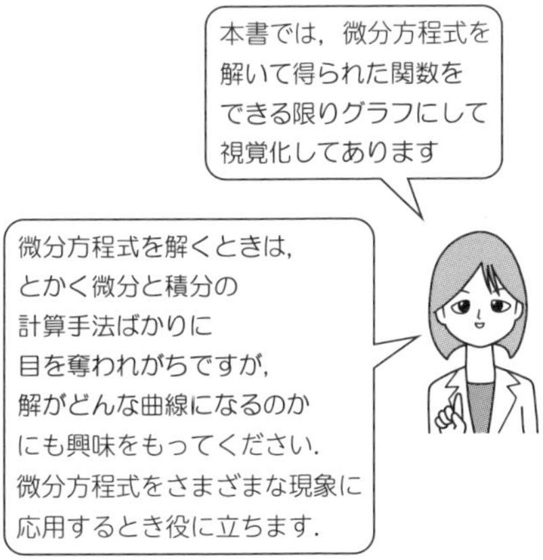
本書では，微分方程式を解いて得られた関数をできる限りグラフにして視覚化してあります
微分方程式を解くときは，とかく微分と積分の計算手法ばかりに目を奪われがちですが，解がどんな曲線になるのかにも興味をもってください．微分方程式をさまざまな現象に応用するとき役に立ちます．

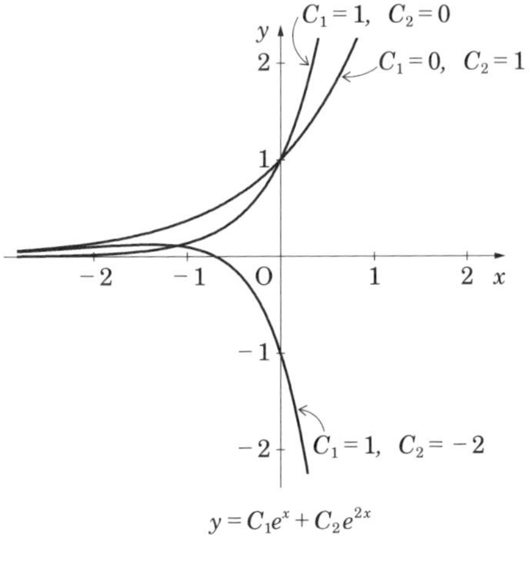
$C_1 = 1,\ C_2 = 0$
$C_1 = 0,\ C_2 = 1$
$C_1 = 1,\ C_2 = -2$
y
x
2
1
O
−1
−2
$y = C_1 e^x + C_2 e^{2x}$

n 階の常微分方程式を解くとき，微分方程式が対象としている x の区間のはじめの値（$x = 0$ の場合が多いが，他の値の場合もある）について $y, y', \cdots$ の値を指定する条件を**初期条件**という．これに対し，区間の両端の値について $y, y', \cdots$ の値を指定する条件を**境界条件**という．いずれも条件式は任意定数の個数だけ必要となる．

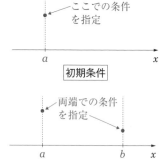

たとえば，微分方程式

$$y'' - 3y' + 2y = 0$$

の一般解は

$$y = C_1 e^x + C_2 e^{2x} \qquad (C_1, C_2 : \text{任意定数})$$

となるが，ここで $x = 0$ のときの条件

初期条件　$y(0) = 0, \quad y'(0) = 1$

をみたす特殊解は

$$y = -e^x + e^{2x}$$

となり（下図左），$x = 0$ と $x = 1$ のときの条件

境界条件　$y(0) = 1, \quad y(1) = e$

をみたす特殊解は

$$y = e^x$$

となる（下図右）．

また特に，初期条件をみたす解を見つけることを**初期値問題**という．

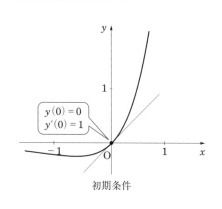

初期条件

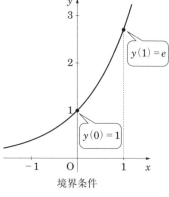

境界条件

Column　感染症の数理モデル

ペストやインフルエンザのような感染症の流行は，古から人類にとって脅威となってきました．特に最近の新型コロナウィルス感染症（COVID-19）は全世界に瞬く間に広まり，その影響は非常に大きくこの先もまだまだ影響は続くことでしょう．

感染症の原因となる病原体を短時間で根絶させることは非常に難しく，感染症が流行している最中は，社会的に流行をいかに防ぐかが重要になってきます．

そこで，数理モデルの登場です．感染症数理モデルとは，『感染症流行のプロセスを表した数式』のことです．

感染症数理モデルの研究は 18 世紀のダニエル・ベルヌーイ（ダニエル I, p.47 参照）が初めと言われています．欧米ではその後研究が進み，2000 年代には SARS や BSE の流行に合わせて数理モデルを用いた推計，政策への実装が実際に行われるようになりましたが，日本ではあまり流行しなかったため数理モデルの導入は進みませんでした．今回，COVID-19 の流行に対する数理モデルが日本政府の施策の科学的根拠となった初めてのケースと言われています．

感染症数理モデルのもっとも簡単で基本的な式を紹介しましょう．この微分方程式は 1927 年に生化学者マルケックと軍医であり疫学者であるマッケンドリックにより考案され，SIR 数理モデルとよばれています．それは時刻 t についての 3 つの関数

$S(t) =$ 未感染者数（Susceptible），　　$I(t) =$ 感染者数（Infectious）

$R(t) =$ 感染による死亡者数，隔離者数，免疫獲得者数（Removed/Recovered）

による連立常微分方程式です．

$$\frac{dS(t)}{dt} = -\beta S(t)I(t)$$

$$\frac{dI(t)}{dt} = \beta S(t)I(t) - \gamma I(t)$$

$$\frac{dR(t)}{dt} = \gamma I(t)$$

（β：単位時間当たりの感染率，　γ：単位時間当たりの回復，隔離などによる除去率）

ここで，$\beta I(t)$ は時刻 t における感染力を表しています．

実際の感染状況のデータよりパラメータ β と γ の値を決め，上記の連立微分方程式をコンピュータで解きます．得られた関数より，感染者数のピークはいつ頃，収束まで何日位かかる等を予測し，感染症対策に活かすのです．現在ではパラメータを増やしたり，関数を増やしたりして数理モデルの改良が進められています．

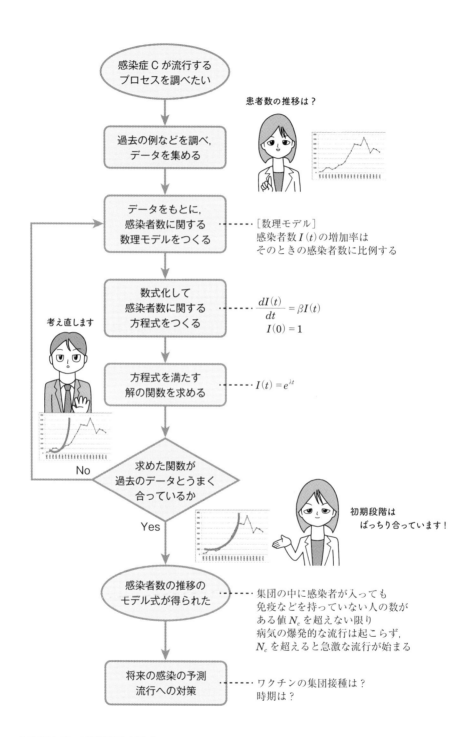

感染症 C が流行する
プロセスを調べたい

患者数の推移は？

過去の例などを調べ,
データを集める

データをもとに,
感染者数に関する
数理モデルをつくる

［数理モデル］
感染者数 $I(t)$ の増加率は
そのときの感染者数に比例する

数式化して
感染者数に関する
方程式をつくる

$$\frac{dI(t)}{dt} = \beta I(t)$$
$$I(0) = 1$$

考え直します

方程式を満たす
解の関数を求める

$$I(t) = e^{\lambda t}$$

求めた関数が
過去のデータとうまく
合っているか

No

Yes

初期段階は
ばっちり合っています！

感染者数の推移の
モデル式が得られた

集団の中に感染者が入っても
免疫などを持っていない人の数が
ある値 N_c を超えない限り
病気の爆発的な流行は起こらず,
N_c を超えると急激な流行が始まる

将来の感染の予測
流行への対策

ワクチンの集団接種は？
時期は？

左ページのフローチャートを一般化すると下図のようになる．様々な分野の研究者は，専門的知識により，観察した現象を数理モデル化し現象を解明しようとする．このとき，モデル化して得られた関係式が微分方程式であった場合，その式を満たす関数を求める必要がある．

　本書では，その微分方程式を，"数学的に解く"というところを学習する．

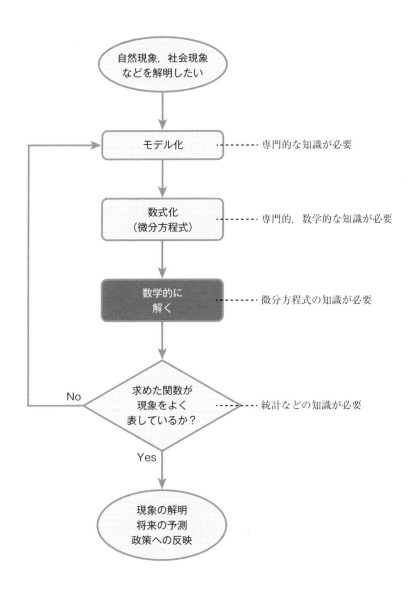

問題1　微分方程式と解①

例題

(1)　$y=x^2+x$ が微分方程式 $xy'-2y+x=0$ の解であることを示そう.

(2)　$y=2\cos x+\sin x$ が微分方程式 $y''+y=0$ の解であることを示そう.

解答　y', y''を計算して微分方程式の左辺に代入し, 0になることを示せばよい.

(1)　$y'=2x+1$ より

$$xy'-2y+x=x(2x+1)-2(x^2+x)+x$$
$$=2x^2+x-2x^2-2x+x=0$$

ゆえに解である.

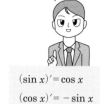

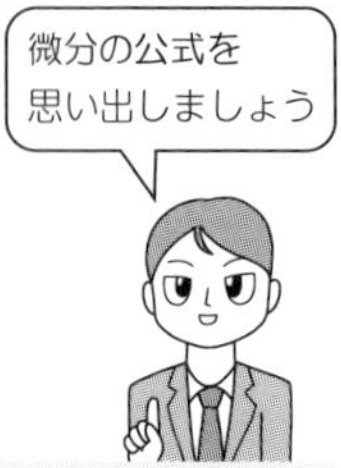
微分の公式を
思い出しましょう

$(\sin x)'=\cos x$

$(\cos x)'=-\sin x$

(2)　$y'=2(\cos x)'+(\sin x)'$

$$=2(-\sin x)+\cos x=-2\sin x+\cos x$$

$$y''=-2(\sin x)'+(\cos x)'=-2\cos x-\sin x$$

これより

$$y''+y=(-2\cos x-\sin x)+(2\cos x+\sin x)=0$$

ゆえに解である.　【解終】

POINT　y', y'' を計算して，微分方程式の左辺に代入し，0 になることを示す

演習 1

(1)　$y=e^{2x}$ が微分方程式 $y'-2y=0$ の解であることを示そう.

(2)　$y=\log x$ が微分方程式 $x^2y''-xy'+2=0$ の解であることを示そう.

解答は p.149

解答　y', y'' を計算して微分方程式の左辺に代入し，0 になることを示す.

$(e^{ax})'=ae^{ax}$

$(\log x)'=\dfrac{1}{x}$

(1)　$y'=$ ㋐ ＿＿＿＿　なので

$y'-2y=$ ㋑ ＿＿＿＿　ゆえに解である.

(2)　$y'=$ ㋒ ＿＿，$y''=$ ㋓ ＿＿＿＿　なので

$x^2y''-xy'+2=$ ㋔ ＿＿＿＿

ゆえに解である.　【解終】

問題2 微分方程式と解②

例題

定数を消去して，次の曲線群に共通に成り立つ微分方程式をつくろう．

(1)　$y=ax$　(a：定数)　　(2)　$y=ae^x+bxe^x$　(a, b：定数)

解答　定数の数だけ微分し，y, y', y'' の関係をみつけよう．

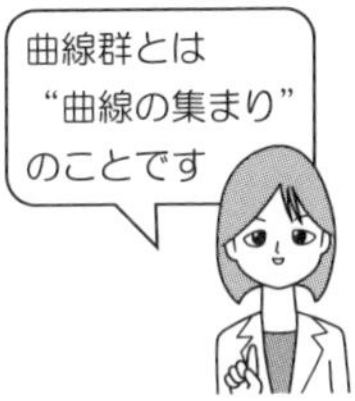

(1)　定数が 1 つなので，y' を求めて a を消去する．

$y=ax$　…①　　$y'=a$　…②

②を①へ代入すればすぐに a が消去され，微分方程式が求まる．

$y=y'x$

(2)　y', y'' まで計算しよう．

$y=ae^x+bxe^x$

$y'=a(e^x)'+b(xe^x)'$　　$(f\cdot g)'=f'\cdot g+f\cdot g'$

$=ae^x+b(e^x+xe^x)$

$=(ae^x+bxe^x)+be^x=y+be^x$

$y''=(y+be^x)'$

$=y'+be^x=y'+(y'-y)=2y'-y$

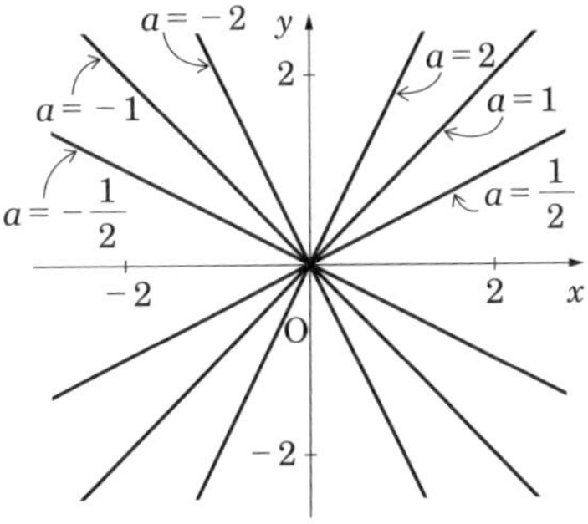

$y=ax$ の曲線群

ゆえに求める微分方程式は

$y''=2y'-y$

【解終】

POINT▷ 定数の数だけ微分し，y，y'，y'' からなる式を導く

演習 2

定数を消去して微分方程式をつくろう．

(1)　$y=\cos(x+k)$　(k：定数)　　(2)　$y=ax+bx^{-1}$　(a, b：定数)

解答は p.149

解答　(1)　$y'=$ ㋐[　　　　] なので

㋑[　　　　]　　$\sin^2\theta+\cos^2\theta=1$

(2)　$y'=$ ㋒[　　　　]，$y''=$ ㋓[　　　　] なので

㋔[　　　　]

【解終】

直接積分形

y の導関数 y' が x のみの関数で表されている

$$\frac{dy}{dx} = f(x), \qquad y' = f(x)$$

の形の微分方程式を**直接積分形**という．これは最も簡単な微分方程式．

次の手順により，すぐに一般解を求めることができる．

【直接積分形 $\dfrac{dy}{dx} = f(x)$ の解き方】

手順 1. 方程式の形を標準形に直す．

$$\frac{dy}{dx} = f(x) \qquad \cdots 標準形$$

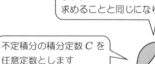

この形の微分方程式を
解くことは
$f(x)$ の不定積分を
求めることと同じになります

手順 2. 両辺を x で積分して一般解を求める．

$f(x)$ の原始関数の 1 つを $F(x)$ とすると

$$y = \int f(x)\, dx = F(x) + C$$

不定積分の積分定数 C を
任意定数とします

よって一般解は

$$y = F(x) + C \qquad (C : 任意定数)$$

さらに

初期条件　　$y(a) = b$

をみたす特殊解を求めたいときは

手順 3. 一般解に $x = a$, $y = b$ を代入して定数 C の値を決定する．

$$b = F(a) + C \quad より \quad C = b - F(a)$$

ゆえに求める特殊解は

$$y = F(x) + \{b - F(a)\}$$

Column　反応の差は微分方程式で

　H 教授が大学の食堂で昼食をとっていると，英文学が専門の Y 先生が，トレーにカツカレーをのせてツカツカとやってきた．そして，中学生の息子 2 人の数学の点数について話をし始めた．

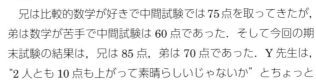

　兄は比較的数学が好きで中間試験では 75 点を取ってきたが，弟は数学が苦手で中間試験は 60 点であった．そして今回の期末試験の結果は，兄は 85 点，弟は 70 点であった．Y 先生は，"2 人とも 10 点も上がって素晴らしいじゃないか" とちょっと大げさに褒めたが，2 人は別々の反応を示したそうである．弟はとても喜び，"もっと数学を勉強しよう" と嬉しいことを言ってくれたが，兄は "たった 10 点か……" とあまり満足そうではなかった．Y 先生は "兄はどうして素直に喜べないのだろう？" と同じ 10 点アップに対する 2 人の反応の違いにちょっと驚いたそうである．

　すると H 教授は，胸ポケットからメモ帳とペンを取り出し，こんな話があると話し始めた．

　有名なベルヌーイ一族（p.47 参照）の一人ダニエル I が次のような仮説を立てたそうである．

　　資産が少しでも増えれば所有者はうれしい．

　　しかしその満足度の変化率は総資産に反比例する．

　今の話に出ている数学の点数にたとえれば，x を数学の得点，y を満足度とすると，y の変化率はそのときの x の値に反比例し，次の式が成立する．

$$\frac{dy}{dx} = \frac{A}{x} \qquad (A：定数)$$

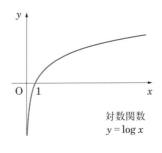

対数関数
$y = \log x$

これは**直接積分形**の微分方程式だから，すぐに解けるよ，と言って何やら計算すると，次のように言った．「2 人の反応の差は，この微分方程式の解に出ている．解は対数関数となるから，数学の得点 x の値が大きければ大きいほど満足度 y の増加分は小さくなるということだね．」

　Y 先生は「えっ，対数関数!?」と心の中で叫んだが，納得した顔をして「なるほど〜」と小さな声で言った．

例題

(1) $\dfrac{dy}{dx} = 2(x+1)$ の一般解を求めよう.

(2) 初期条件 $y(0)=1$ をみたす特殊解を求め, グラフを図示しよう.

∷ 解 答 ∷ 手順 1, 2, 3 に従って求めてゆこう. 不定積分を求めるとき, 積分定数 C を加えるのを忘れないように. この C が一般解における任意定数となる.

(1) **手順1.** すでに標準形になっている.

手順2. 両辺を x で積分すると

$$y = \int 2(x+1)\,dx = \int (2x+2)\,dx$$

$$= 2\cdot\frac{1}{2}x^2 + 2x + C = x^2 + 2x + C$$

ゆえに一般解は

$$y = x^2 + 2x + C \qquad (C:\text{任意定数})$$

任意定数 C を忘れないようにしないといけません

(2) **手順3.** 初期条件 $y(0)=1$ ということは

$$x=0 \quad \text{のとき} \quad y=1$$

ということなので, これを一般解に代入して定数 C を決定すると

$$1 = 0^2 + 2\cdot 0 + C, \quad C = 1$$

ゆえに求める特殊解は

$$y = x^2 + 2x + 1$$

特殊解のグラフは右図の赤の放物線. 【解終】

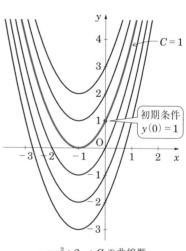

$y = x^2 + 2x + C$ の曲線群

"条件 $y(0)=1$ をみたす特殊解を求める" ということは "解の曲線群の中から点 $(0,1)$ を通る曲線を見つける" ということです

POINT $\dfrac{dy}{dx}=f(x)$ の形に直し，両辺を x で積分して解を求める

演習 3

(1)　$x>0$ のとき，$xy'=1$ の一般解を求めよう．

(2)　初期条件 $y(1)=0$ をみたす特殊解を求め，グラフを図示しよう．

解答は p.149

解 答　(1)　手順 1.　$x \neq 0$ なので両辺を x で割って標準形に直すと

㋐ [　　　]

手順 2.　両辺を x で積分する．$x>0$ なので

㋑ [　　　]

$$\int \frac{1}{x}\,dx = \log|x| + C$$

ゆえに一般解は

㋒ [　　　]

(2)　手順 3.　初期条件は

$x=$ ㋓ [　]　のとき　$y=$ ㋔ [　]

なので，一般解に代入して C を決定すると

㋕ [　　　]

$\log 1 = 0$

$\log e = 1$

したがって求める特殊解は

㋖ [　　　]

特殊解のグラフは下図のようになる．　【解終】

㋗

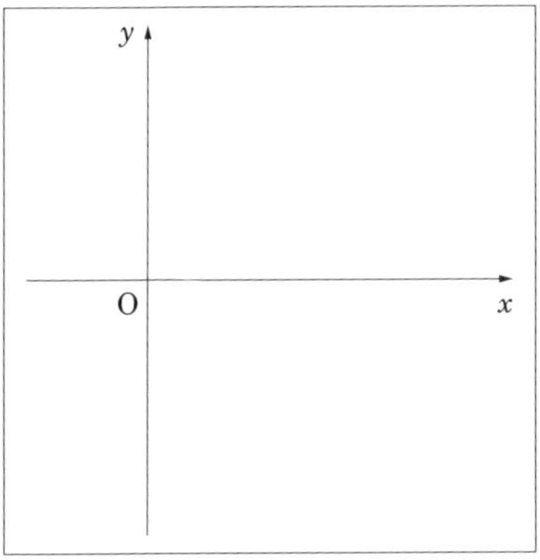

変数分離形

形式的に左辺が y のみ，右辺が x のみで表されている

$$g(y)\frac{dy}{dx}=f(x), \qquad g(y)\,y'=f(x)$$

の形の微分方程式を**変数分離形**という．次の微分方程式も，変形すれば上の形になるので変数分離形である．

$$\frac{dy}{dx}=\frac{f(x)}{g(y)}, \qquad \frac{dy}{dx}=f(x)\,h(y)$$

この形は次の手順により解くことができる．

【変数分離形 $g(y)\dfrac{dy}{dx}=f(x)$ の解き方】

手順 1．方程式を標準形に直す．

$$g(y)\frac{dy}{dx}=f(x) \qquad \cdots 標準形$$

手順 2．両辺を x で積分する．

はじめに
標準形に
直します

$$\int\left\{g(y)\frac{dy}{dx}\right\}dx=\int f(x)\,dx+C$$

$$\int g(y)\,dy=\int f(x)\,dx+C$$

置換積分法

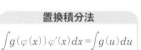

$$\int g(\varphi(x))\,\varphi'(x)\,dx=\int g(u)\,du$$

左辺は y についての積分，右辺は x についての
積分になり，それぞれ積分して

$$G(y)=F(x)+C \qquad (C：任意定数)$$

手順 3．求まった式を変形し，整えて一般解とする．

さらに初期条件 $y(a)=b$ をみたす特殊解を求めたいときは

手順 4．一般解に $x=a$，$y=b$ を代入し，定数 C を決定して特殊解を求める．

Column 　犬を引っ張った跡も微分方程式で

　H 教授が仕事仲間の友人である Y 先生と雑談をしているとき，Y 先生の愛犬の話が話題となった．自分の健康維持も兼ね朝晩に犬を散歩に連れていくが，機嫌の悪いときは座り込んで動かず，リードで引っ張られてようやくずるずるという感じで歩き出すらしい．ある朝も機嫌が悪く，愛犬を引っ張りながら朝霧の中散歩に出かけようとしたが，前日の雨で少しぬかるみ，振り返ってみると犬が引っ張られた後の土の上に曲線ができて，犬は泥だらけ．その曲線を見て，学生時代に数学で苦い思いをした Y 先生は，H 教授を困らせようと次のような質問を思いついたのである．「いくら何でも犬が引っ張られてできた跡の曲線は，数式では表せませんよね〜？」

　そう聞かれた H 教授は俄然意気込んで質問し始めた．「きみはどこを歩いていたんだい？ リードの長さは？」彼は庭から門に通じるまっすぐな石畳の道の上を歩き，リードは 2 m だそうだ．H 教授はさっそく胸ポケットからペンとメモ帳を取り出して図を描き，何やら計算して Y 先生に説明し出した．「その曲線は，直線から 2 m だけ離れたところにいる犬を引っ張ることでできる曲線で，リードが曲線の接線になっているわけだから，こんな式が成り立つことになる．」と次の式を書いた．

$$\frac{dy}{dx} = -\frac{y}{\sqrt{4-y^2}}, \qquad y(0) = 2$$

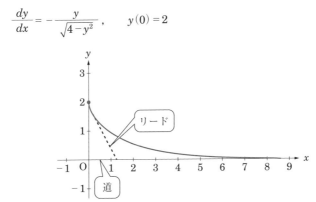

　そして，「これは，**変数分離形**の微分方程式の初期値問題だね．今解いて，曲線の式を出してあげる．」と言って計算し始めた．Y 先生はまさか曲線の式が求まるとは夢にも思っていなかったので，びっくり．後でこの曲線が**犬曲線（トラクトリックス）**と呼ばれていることを知り，さらにびっくりしてしまったのだった．

変数分離形①

例題

> (1) $y\dfrac{dy}{dx}=e^x$ の一般解を求めよう.
>
> (2) 初期条件 $y(0)=1$ をみたす特殊解を求めよう.

∷ 解答 ∷ 手順に従って解こう.

(1) **手順1.** 標準形になっているので OK.

手順2. 両辺を x で積分すると

$$\int e^x dx = e^x + C$$

$$\int\left(y\frac{dy}{dx}\right)dx=\int e^x dx,\qquad \int y\,dy=\int e^x dx$$

左辺は y で積分,右辺は x で積分して

$$\frac{1}{2}y^2=e^x+C$$

$$y^2=2e^x+2C\qquad(C:\text{任意定数})$$

C が任意定数なら $2C$ も任意定数となります

手順3. これでも良いのだが,C は任意定数なので $2C$ も任意定数である.そこで $2C$ を改めて C とおき直せば,一般解は次のように表せる.

$$y^2=2e^x+C\qquad(C:\text{任意定数})$$

(2) **手順4.** 初期条件より $x=0$ のとき $y=1$.

これを一般解に代入して C を定めると

$$1=2e^0+C,\qquad C=-1$$

$$e^0=1$$
$$\log e=1$$

したがって求める特殊解は

$$y^2=2e^x-1\qquad\text{【解終】}$$

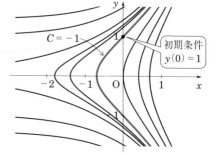

$y^2=2e^x+C$ の曲線群

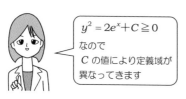
$y^2=2e^x+C\geqq0$ なので C の値により定義域が異なってきます

POINT▶ $g(y)\dfrac{dy}{dx}=f(x)$ の形に直し，
両辺を x で積分して解を求める

演習4

---
(1) $\dfrac{dy}{dx}=\dfrac{\log x}{y^2}$ の一般解を求めよう．

(2) 条件 $y(e)=1$ をみたす特殊解を求めよう．　　　　解答は p.149

:: 解答 :: (1)　手順1．両辺に ^⑦□ をかけて変数分離形の標準形に直すと

④□

手順2．両辺を x で積分する．右辺の積分は部分積分を使うと

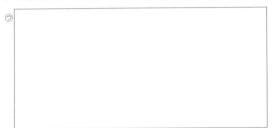

> **部分積分**
> $\int f' \cdot g\, dx$
> $= f \cdot g - \int f \cdot g'\, dx$

手順3．ここで ^⑦□ をあらためて C とおくと，次の一般解が求まる．

⑦

(2)　手順4．条件より $x=$ ^⑦□ のとき $y=$ ^⑦□ なので，一般解に代入して C
を定めると

⑦□

ゆえに求める特殊解は

⑦□　　　　　　　　　　　　　　　　　　　　　　　　　【解終】

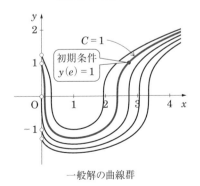

一般解の曲線群

> 一般解 ④ の曲線群と
> 特殊解 ⑦ のグラフは
> 左図のようになります

変数分離形②($g(y)$の分母＝0の場合)

例題

$y' = 2xy$ の一般解を求めよう.

∷ 解答 ∷ **手順1.** 標準形に直すために両辺を y で割りたいが, $y = 0$ という関数が解かもしれないので調べておこう.

関数 $y = 0$ について微分方程式に代入すると

左辺 $= 0' = 0$, 右辺 $= 2x \cdot 0 = 0$

ゆえに 左辺 $=$ 右辺 となり, この微分方程式をみたすので, $y = 0$ も解であることがわかった.

次に $y \neq 0$ のとき, 両辺を y で割って標準形に直すと

$$\frac{1}{y} y' = 2x, \qquad \frac{1}{y} \frac{dy}{dx} = 2x$$

手順2. 両辺を x で積分する. 任意定数は後で変えるかもしれないので, ここでは C' としておこう.

$$\int \left(\frac{1}{y} \frac{dy}{dx} \right) dx = \int 2x \, dx$$

$$\int \frac{1}{y} dy = \int 2x \, dx$$

$$\log|y| = x^2 + C'$$

$\log a = b \Leftrightarrow a = e^b$

$e^{a+b} = e^a e^b$

$|a| = b \Rightarrow a = \begin{cases} b & (a \geqq 0) \\ -b & (a < 0) \end{cases}$

手順3. もう少し変形しておこう. 対数を指数の形に直すと

$$|y| = e^{x^2 + C'}$$

さらに左辺の絶対値をはずし, 右辺を積の形に直すと

$$y = \pm e^{C'} e^{x^2}$$

ここで $\pm e^{C's} = C$ とおきかえると一般解は

$$y = Ce^{x^2} \qquad (C:任意定数)$$

の形にかける. はじめに求めた $y = 0$ という解は $C = 0 (C' \to -\infty)$ とおけば, この解に含まれる.

【解終】

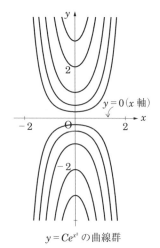

$y = Ce^{x^2}$ の曲線群

POINT ▶ $(g(y)$ の分母$)=0$ となる y が解になるかどうか
を忘れずにチェックしよう

演習 **5**

> (1) $y' = \dfrac{y}{x+1}$ の一般解を求めよう.
>
> (2) 一般解の任意定数 C に 5 個の値を代入して，解の曲線群の概要を
>   描こう.
>
> 解答は p.149

∷ 解 答 ∷ (1) **手順 1.** 標準形に直すとき両辺を y で割りたいので，関数 $y=0$
が解かどうか調べておこう.

㋐ □

$y \neq 0$ のとき両辺を y で割って標準形に直すと

㋑ □

手順 2. 両辺を x で積分する.

㋒ □ $\qquad \displaystyle\int \frac{1}{x+a}dx = \log|x+a| + C$

手順 3. 式を整えるために任意定数を対数の形に直して変形してゆくと

㋓ □

$$a = \log e^a$$
$$\log a + \log b = \log ab$$

任意定数をおきかえて一般解を求めると

㋔ □

はじめに得られた $y = 0$ という解は
$C =$ ㋕□ とおけばこの解に含まれる.

(2) たとえば $C =$ ㋖□ ，㋗□ ，
㋘□ ，㋙□ ，㋚□ のときを描くと右図㋛の
曲線群が描ける. 【解終】

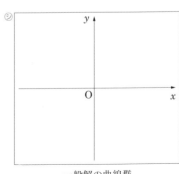

㋛

一般解の曲線群

Column　1階微分方程式と接線の傾き

1階微分方程式は $x,\ y$ と y' を含んだ方程式

$$F(x, y, y') = 0$$

でした．したがって x と y にある値

$$x = a, \qquad y = b$$

を与えれば，それに従って y' の値

$$y' = c$$

が定まります．このことは，

点 $(x, y) = (a, b)$ における接線の傾きは c

であることを示しています．したがって，

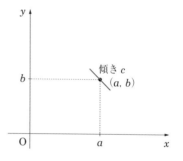

1つの1階微分方程式は，平面上の各点における接線の傾きを表したものと解釈することができます．そしてその微分方程式を解くことは，その各々の点における接線の傾きが，方程式を満たすような曲線を求めることに他なりません．

たとえば，問題5の例題（p.20）における微分方程式

$$y' = 2xy$$

を考えてみましょう．これは点 (a, b) における接線の傾き y' の値が $2ab$ ということになります．そこで様々な点 (a, b) と，その点での接線を小さな線分で表して図示すると，下図左のようになります．下図右の一般解 $y = Ce^{x^2}$（C：任意定数）の曲線群と比べてみてください．

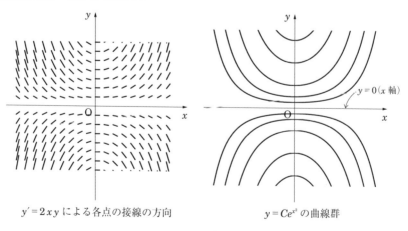

$y' = 2xy$ による各点の接線の方向　　　　$y = Ce^{x^2}$ の曲線群

$y' = f(\alpha x + \beta y + \gamma)$ の形

x と y についての 1 次式 $(\alpha x + \beta y + \gamma)$ がひとかたまりになっている

$$y' = f(\alpha x + \beta y + \gamma)$$

の形の方程式の解き方を紹介しよう. もし $\beta = 0$ ならば直接積分形なので $\beta \neq 0$ としておく.

このような形のときは

$$u = \alpha x + \beta y + \gamma$$

とおくと, 変数分離形に帰着される.

【$y' = f(\alpha x + \beta y + \gamma)$ の形の解き方】

手順 1. $u = \alpha x + \beta y + \gamma$ とおいて両辺を x で微分し y' を求める.

$$u' = \alpha + \beta y'$$

$$\therefore \quad y' = \frac{1}{\beta}(u' - \alpha)$$

x の未知関数 y を
x の未知関数 u に
変数変換します

手順 2. もとの方程式に代入して整理し, 変数分離形の形にする.

$$\frac{1}{\beta}(u' - \alpha) = f(u)$$

$$u' = \beta f(u) + \alpha \qquad (変数分離形)$$

手順 3. 変数分離形の一般解を求める.

$$F(u, C) = 0$$

手順 4. u をもとにもどして一般解を求める.

$$F(\alpha x + \beta y + \gamma, C) = 0 \qquad (C : 任意定数)$$

さらに特殊解を求めたいときは

手順 5. 初期条件 $y(a) = b$ より C を決定し, 特殊解を求める.

問題6 $y' = f(\alpha x + \beta y + \gamma)$ の形

例題

> (1) $y' = (x + y + 1)^2$ を解こう.
> (2) 初期条件 $y(0) = 0$ をみたす特殊解を求めよう.

✲✲ 解 答 ✲✲ (1) **手順1.** $u = x + y + 1$ とおいて両辺を x で微分すると

$$u' = (x + y + 1)' = 1 + y', \qquad y' = u' - 1$$

手順2. これをもとの方程式に代入すると

$$u' - 1 = u^2, \qquad u' = u^2 + 1, \qquad \frac{1}{u^2 + 1} u' = 1 \qquad \text{(変数分離形)}$$

手順3. これを解こう. 両辺を x で積分して

$$\int \left(\frac{1}{u^2 + 1} \frac{du}{dx} \right) dx = \int 1 dx$$

$$\int \frac{1}{u^2 + 1} du = x + C$$

$$\tan^{-1} u = x + C$$

$$u = \tan(x + C) \qquad \left(-\frac{\pi}{2} < x + C < \frac{\pi}{2} \right)$$

$$\int \frac{1}{x^2 + 1} dx = \tan^{-1} x + C$$

$$\tan^{-1} A = B \Leftrightarrow A = \tan B$$
$$\left(-\frac{\pi}{2} < B < \frac{\pi}{2} \right)$$

手順4. u をもとにもどすと一般解が求まる.

$$x + y + 1 = \tan(x + C)$$

$$y = \tan(x + C) - (x + 1) \qquad \text{(C：任意定数)}$$

(2) **手順5.** 特殊解を求めよう.

初期条件は $x = 0$ のとき $y = 0$. これを一般解に代入し, $-\frac{\pi}{2} < C < \frac{\pi}{2}$ の範囲で C の値を定めると

$$0 = \tan(0 + C) - (0 + 1),$$

$$\tan C = 1, \qquad C = \frac{\pi}{4}$$

ゆえに求める特殊解は

$$y = \tan\left(x + \frac{\pi}{4} \right) - (x + 1) \qquad \text{【解終】}$$

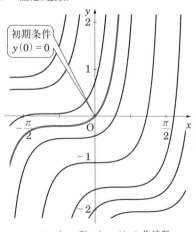

$y = \tan(x + C) - (x + 1)$ の曲線群

POINT $u=\alpha x+\beta y+\gamma$とおいて，$u$と$x$の変数分離形に持ち込む

演習 6

(1)　$y'=\dfrac{1}{x-y}$ を解こう．

(2)　条件 $y(2)=0$ をみたす特殊解を求めよう．　解答は p.150

解答　(1)　手順 1.　$u=$ ㋐[　　] とおいて両辺を微分すると

㋑[　　　　　　　　]

手順 2.　これをもとの方程式に代入する．

まず $u\neq1$ として変形すると

㋒[　　　　　　　　]

手順 3.　求まった変数分離形の方程式を解くと

㋓[　　　　　　　　]

手順 4.　u をもとにもどして一般解を求めると

㋔[　　　　　　　　]

$u=1$ のとき ㋕[　　] $=1$，これより $y=$ ㋖[　　]．これはもとの微分方程式の解となっている．なぜなら

左辺＝右辺＝㋗[　]

しかしこの解は，求めた一般解において $C=$ ㋘[　] とすれば得られるので，一般解に含まれる．ゆえに一般解は

㋙[　　　　　　　　]

(2)　手順 5.　特殊解を求める．

条件は $x=$ ㋚[　] のとき $y=$ ㋛[　]

なので，これを一般解に代入して C の値を求めると

㋜[　　　　　　　　]

これより，求める特殊解は

㋝[　　　　　　　　]　【解終】

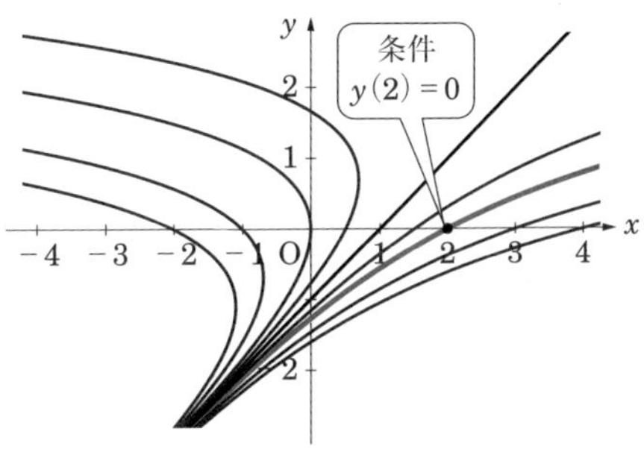

一般解の曲線群

同次形

y の導関数 y' が $\dfrac{y}{x}$ の関数で表されている

$$\frac{dy}{dx}=f\left(\frac{y}{x}\right), \qquad y'=f\left(\frac{y}{x}\right)$$

の形の微分方程式を**同次形**という．つまり $\dfrac{y}{x}$ が 1 つのかたまりになって方程式ができているもの，たとえば

$$\frac{dy}{dx}=\frac{y}{x}+1, \qquad y'=\frac{\dfrac{y}{x}}{1+\left(\dfrac{y}{x}\right)^2}$$

などである．しかしはじめからこのような形になっているとは限らない．

$$x\,\frac{dy}{dx}=y+x, \qquad y'=\frac{xy}{x^2+y^2}$$

は変形により，それぞれ上の 2 つの微分方程式になるので同次形である．

　同次形の微分方程式は，右頁の手順により一般解，特殊解が求まる．

p.27 の手順 1 でもとの
方程式を標準形に直す際，
x で両辺を割る必要がある
ときは，$x=1$ を定義域から
はずして考えましょう

【同次形 $\dfrac{dy}{dx}=f\left(\dfrac{y}{x}\right)$ の解き方】

手順 1. 方程式を標準形に直す.

$$\frac{dy}{dx}=f\left(\frac{y}{x}\right) \qquad \cdots 標準形$$

手順 2. $\dfrac{y}{x}=u$ とおいて標準形に代入し, u と x の方程式に直す.

$y=ux$ の両辺を x で微分すると

$$y'=(ux)'=u'x+ux'=u'x+u$$

標準形に代入して変形すると

$$u'x+u=f(u)$$
$$u'x=f(u)-u \qquad (*)$$

$(f \cdot g)'=f' \cdot g+f \cdot g'$

$f(u)-u \neq 0$ のとき

$$\frac{1}{f(u)-u}\frac{du}{dx}=\frac{1}{x} \qquad (変数分離形)$$

手順 3. 両辺を x で積分して, 関数 u を求める.

$$\int\left\{\frac{1}{f(u)-u}\frac{du}{dx}\right\}dx=\int\frac{1}{x}\,dx$$

$$\int\frac{1}{f(u)-u}\,du=\int\frac{1}{x}\,dx$$

$$G(u)=\log|x|+C \qquad (C：任意定数)$$

手順 4. $u=\dfrac{y}{x}$ とおいてもとにもどし, 一般解 y を求める.

手順 5. $f(u)-u=0$ をみたす定値関数 $u=a$（定数）があるとき, この関数は $(*)$ をみたすので $(*)$ の解であり, $\dfrac{y}{x}=a$ より $y=ax$ は元の方程式の解となる. そしてこれが一般解に含まれるかどうか調べる.

　さらに特殊解を求めたいときは

手順 6. 初期条件 $y(a)=b$ より C を決定し, 特殊解を求める.

同次形①

例題

> (1) $\dfrac{dy}{dx} = 1 + \dfrac{y}{x}$ の一般解を求めよう.
>
> (2) 条件 $y(1) = 0$ をみたす特殊解を求めよう.

同次形

$\dfrac{y}{x} = u$ とおくと

$y = ux$

$y' = u'x + u$

∷ 解 答 ∷ 同次形であることは一目でわかるので, すぐに解ける.

(1) **手順 1.** 標準形なので OK.

$u' = \dfrac{du}{dx}$

手順 2. $\dfrac{y}{x} = u$ とおくと $y' = u'x + u$.

代入して計算すると

$$u'x + u = 1 + u$$
$$u'x = 1$$
$$u' = \dfrac{1}{x} \qquad (変数分離形)$$

問題の式から
$x \neq 0$ としてよいです

この問題では
手順5は
必要ありません

手順 3. 両辺を x で積分すると

$$\int \dfrac{du}{dx}\,dx = \int \dfrac{1}{x}\,dx, \qquad \int du = \int \dfrac{1}{x}\,dx$$
$$u = \log|x| + C \qquad (C : 任意定数)$$

手順 4. $u = \dfrac{y}{x}$ だったので, もとにもどすと

$$\dfrac{y}{x} = \log|x| + C$$

ゆえに一般解は,

$$y = x(\log|x| + C) \qquad (C : 任意定数)$$

(2) **手順 6.** 条件は $x = 1$ のとき $y = 0$
なので, 一般解に代入して C を求めると

$$0 = 1 \cdot (\log 1 + C) = 1 \cdot (0 + C) = C$$
$$\therefore \quad C = 0$$

ゆえに求める特殊解は

$$y = x \log|x|$$

【解終】

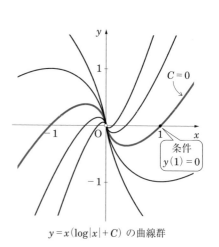

$y = x(\log|x| + C)$ の曲線群

POINT $u=\dfrac{y}{x}$ とおいて，u と x の変数分離形に持ち込む

演習 7

(1)　$y'=\dfrac{x^2+2y^2}{xy}$ の一般解を求めよう．

(2)　条件 $y(\sqrt{2})=\sqrt{2}$ をみたす特殊解を求めよう．

解答は p.150

解答　まず変形して，同次形であることを確かめよう．

(1)　**手順 1.**　変形して $\dfrac{y}{x}$ をひとかたまりにして標準形に直すと

㋐

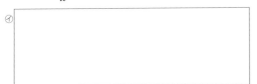

手順 2.　$\dfrac{y}{x}=u$ とおいて，u と x についての変数分離形の方程式に直すと

㋑

$$\int \frac{f'(u)}{f(u)}\,du=\log|f(u)|+C$$

手順 3.　両辺を x で積分すると

㋑

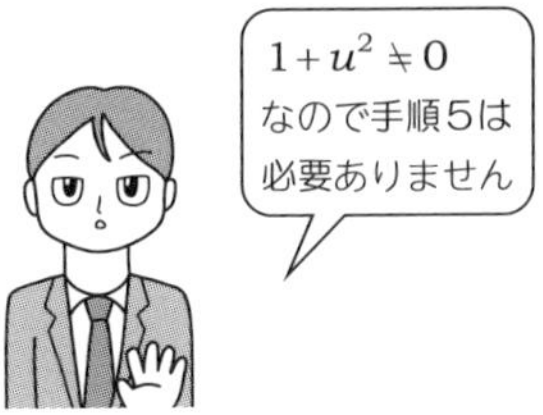

$1+u^2 \fallingdotseq 0$
なので手順5は
必要ありません

手順 4.　$u=\dfrac{y}{x}$ を代入してもとにもどし

一般解を求めると，

㋓

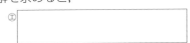

(2)　**手順 6.**　条件は $x=$ ㋔ $\square$ のとき

$y=$ ㋕ $\square$ なので，代入して C を求めると

㋖

ゆえに求める特殊解は

㋗

【解終】

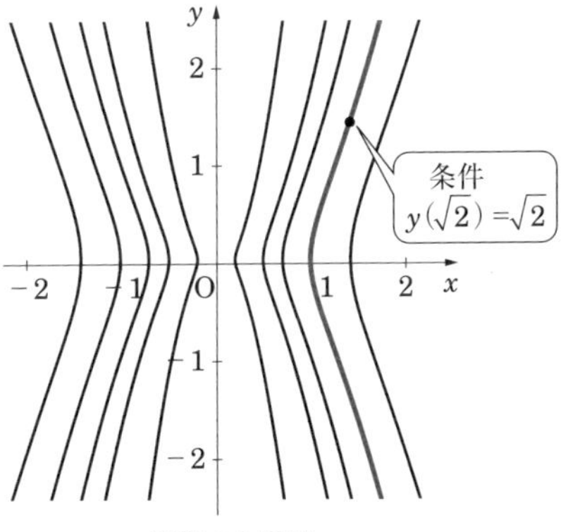

y
2
1
O
-2
-1
1
2
x
-1
-2
条件
$y(\sqrt{2})=\sqrt{2}$

一般解の曲線群

例題

$\dfrac{dy}{dx} = \dfrac{x + 2y}{x}$ の一般解を求めよう.

❖ 解答 ❖ **手順1.** 右辺の分母，分子を x で割ると

$$\frac{dy}{dx} = 1 + 2\frac{y}{x} \qquad \cdots ①$$

これは同次形の標準形.

同次形
$\dfrac{y}{x} = u$ とおくと $y = ux$ $y' = u'x + u$

手順2. $\dfrac{y}{x} = u$ とおくと $y = ux$, $y' = u'x + u$

①に代入して変形すると，

$$u'x + u = 1 + 2u, \qquad u'x = u + 1$$

$u + 1 \neq 0$ のとき $\dfrac{1}{u+1}u' = \dfrac{1}{x}$ （変数分離形）

手順3. 両辺を x で積分すると

$$\int \frac{1}{u+1}\,du = \int \frac{1}{x}\,dx$$

$$\log|u+1| = \log|x| + C'$$

$$\log|u+1| = \log|x| + \log e^{C'}$$

$$\log|u+1| = \log e^{C'}|x|$$

$$|u+1| = e^{C'}|x|, \qquad u+1 = Cx \qquad (C = \pm e^{C'})$$

$a\log b = \log b^a$ $\log a + \log b = \log ab$ $a = \log e^a$

手順4. $u = \dfrac{y}{x}$ だったので

$$\frac{y}{x} + 1 = Cx, \qquad y = Cx^2 - x$$

ゆえに一般解は

$$y = Cx^2 - x \qquad (C：任意定数) \qquad \cdots ②$$

> この問題では
> 手順5が必要です

手順5. $u + 1 = 0$ のとき $u = -1$, $\dfrac{y}{x} = -1$, $y = -x$

①へ代入してこの関数が解かどうか調べよう.

①の左辺 $= (-x)' = -1$, ①の右辺 $= 1 + 2 \cdot (-1) = -1$

左辺＝右辺 なので $y = -x$ も①の解である．これは②において $C = 0$ とすれば含まれるので，一般解は②.　　　　　　　　　　　　　　　　　　　　　**【解終】**

POINT 手順5で，$f(u)-u=0$ となる $u=a$（定数），つまり $y=ax$ がある場合，$y=ax$ が解になるかチェックしよう

演習 8

$y'=\dfrac{y^2}{xy-x^2}$ の一般解を求めよう．

解答は p.151

解答 手順 1．変形して同次形の標準形に直す．

㋐ □

手順 2．$\dfrac{y}{x}=u$ とおいて変形し，整理する．

㋑ □

㋒ □ $\neq 0$ のとき変数分離形の標準形に直すと

㋓ □

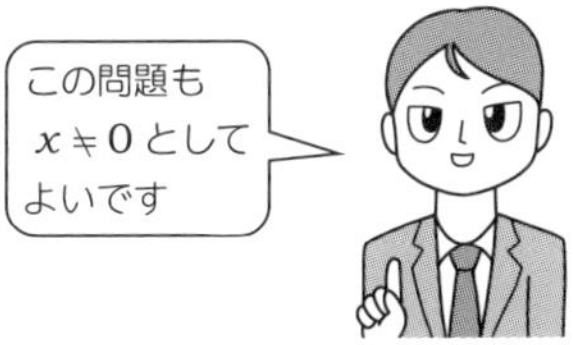
この問題も
$x\neq 0$ として
よいです

手順 3．両辺を x で積分する．

㋔ □

手順 4．$u=\dfrac{y}{x}$ とおいてもとにもどし一般解を求める．

㋕ □

手順 5．㋖ □ $=0$ のとき，$u=\dfrac{y}{x}$ より関数 ㋗ □ が得られる．

もとの方程式に代入して解となるかどうか調べると

㋘ □

しかしこれは手順 4 で求めた一般解において $C=$ ㋙ □ とおけば得られる．ゆえに一般解は

㋚ □

【解終】

1 階線形微分方程式

$P(x), Q(x)$ を x の関数とするとき

$$y' + P(x)y = Q(x)$$

の形の微分方程式を **1 階線形微分方程式**という. y' と y について 1 次式で, 係数は x の関数となっているのが特徴.

1 階線形微分方程式の中で特に $Q(x) = 0$（零関数）, つまり

$$y' + P(x)y = 0$$

の形の方程式を**同次方程式**といい, そうでないとき, つまり

$$y' + P(x)y = Q(x) \qquad (Q(x) \neq 0)$$

を**非同次方程式**という. たとえば

$$y' + 2xy = 0 \quad : \text{同次 1 階線形微分方程式}$$

$$y' + 2xy = e^x \quad : \text{非同次 1 階線形微分方程式}$$

$$y'^2 + y = 0 \quad : \text{1 階線形微分方程式ではない}$$

同次 1 階線形微分方程式は変数分離形に他ならない.

1 階線形微分方程式の次の 3 つの解法を紹介しよう.

       1 定数変化法　　➡ p.33

       2 積分因子を求めて解く方法　　➡ p.36

       3 解の公式をそのまま利用する方法　　➡ p.40

定数変化法と積分因子はともに,
微分方程式の解法では
重要な考え方です

1 2 を
しっかり勉強してから
3 の公式を
使うようにしましょう

定数変化法は，はじめに同次方程式を解き，その解を利用して非同次方程式の解を求める方法である．

【1 階線形微分方程式 $y' + P(x)y = Q(x)$ の解き方（定数変化法）】

手順 1. 1 階線形微分方程式の標準形に直す．

$$y' + P(x)y = Q(x) \qquad \cdots (*) \text{ 標準形}$$

変数分離形は
p.16 で
勉強しました

手順 2. 同次方程式 $y' + P(x)y = 0$ を解く．

変形すると

$$\frac{1}{y}\frac{dy}{dx} = -P(x) \qquad (\text{変数分離形})$$

x で積分して解を求めると

$$y = Ae^{-\int P(x)\,dx} \qquad (A：\text{任意定数})$$

定数 A を
関数 $A(x)$ とみなして
（$*$）の一般解を
見つけます

手順 3. 手順 2 で求めた解の任意定数 A を x の関数 $A(x)$ に置き換え，もとの方程式をみたすように $A(x)$ を決定する（**定数変化法**）．

$$y = A(x)\,e^{-\int P(x)\,dx} \qquad \cdots (**)$$

とおいて標準形（$*$）に代入すると

$$\left\{A(x)\,e^{-\int P(x)\,dx}\right\}' + P(x)\left\{A(x)\,e^{-\int P(x)\,dx}\right\} = Q(x)$$

第 1 項は積の微分公式を使って

$$A'(x)\,e^{-\int P(x)\,dx} + A(x)\left\{e^{-\int P(x)\,dx}\right\}' + A(x)\,P(x)\,e^{-\int P(x)\,dx} = Q(x)$$

$$A'(x)\,e^{-\int P(x)\,dx} + A(x)\{-P(x)\}\,e^{-\int P(x)\,dx} + A(x)\,P(x)\,e^{-\int P(x)\,dx} = Q(x)$$

$$A'(x)\,e^{-\int P(x)\,dx} = Q(x)$$

$$\therefore \quad A'(x) = Q(x)\,e^{\int P(x)\,dx}$$

$$(f \cdot g)' = f' \cdot g + f \cdot g'$$
$$\{e^{f(x)}\}' = f'(x)\,e^{f(x)}$$

両辺を x で積分すると

$$A(x) = \int\left\{Q(x)\,e^{\int P(x)\,dx}\right\}dx + C \qquad (C：\text{任意定数})$$

手順 4. 手順 3 で求めた $A(x)$ を（$**$）に代入すると，次の非同次方程式の一般解が得られる．

$$y = e^{-\int P(x)\,dx}\left[\int\left\{Q(x)\,e^{\int P(x)\,dx}\right\}dx + C\right] \qquad (C：\text{任意定数})$$

定数変化法

例題

> $y' + 2xy = 2x$ を解こう.

⣿ 解 答 ⣿　**手順 1.** 1 階線形微分方程式の標準形になっているので **OK**.

手順 2. 同次方程式 $y' + 2xy = 0$ を解く. 変形すると

$$y' = -2xy \qquad \cdots (*)$$

$y \neq 0$ として両辺を y で割ると

$$\frac{1}{y} y' = -2x \qquad (変数分離形)$$

両辺を x で積分すると

$$\int \frac{1}{y} \, dy = \int (-2x) \, dx$$

$$\log |y| = -x^2 + A_0, \qquad y = Ae^{-x^2} \ (A = \pm e^{A_0})$$

> $y = 0$ は（＊）の解ですが
> $A = 0$（$A_0 \to -\infty$）
> とすれば,
> 同次方程式の一般解に
> 含まれます

手順 3. いま求めた解における A を x の関数 $A(x)$ と考え,

$$y = A(x) e^{-x^2} \qquad \cdots (**)$$

がもとの方程式の解となるように $A(x)$ を決める. もとの方程式に代入して

$$\{A(x) e^{-x^2}\}' + 2x\{A(x) e^{-x^2}\} = 2x$$

$$A'(x) e^{-x^2} + A(x)(e^{-x^2})' + 2xA(x) e^{-x^2} = 2x$$

$$A'(x) e^{-x^2} + A(x)(-2x e^{-x^2}) + 2xA(x) e^{-x^2} = 2x$$

$$A'(x) e^{-x^2} = 2x, \qquad A'(x) = 2x e^{x^2}, \qquad A(x) = 2\int x e^{x^2} dx$$

> $(f \cdot g)' = f' \cdot g + f \cdot g'$
> $\{e^{f(x)}\}' = f'(x) e^{f(x)}$

$x^2 = t$ とおくと, $2x dx = dt$ より $\qquad A(x) = \int e^t dt = e^t + C$

$$\therefore \ A(x) = e^{x^2} + C \qquad (C : 任意定数)$$

手順 4. 上記の $A(x)$ を（＊＊）に代入すると一般解が求まる.

$$y = (e^{x^2} + C) e^{-x^2} = e^{x^2} e^{-x^2} + C e^{-x^2}$$

$$= e^0 + C e^{-x^2} = 1 + C e^{-x^2}$$

ゆえに一般解は

$$y = C e^{-x^2} + 1 \qquad (C : 任意定数)$$

【解終】

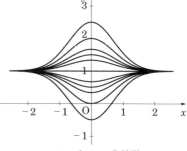

$y = C e^{-x^2} + 1$ の曲線群

POINT▷ 同次方程式の解 $y = Ae^{-\int P(x)\,dx}$ を求め，任意定数 A を，y が非同次方程式の解になるような $A(x)$ に置き換える

演習 9

定数変化法を用いて $xy' + y = \dfrac{x}{1+x^2}$ を解こう.

解答は p.151

解答 手順 1. 1 階線形微分方程式の標準形に直すために両辺を㋐[　　] で割ると

㋑[　　　　　　　　] …(＊)

勝手に $x \neq 0$ として大丈夫か心配になるところですが，$x = 0$ を定義域から除くと考えてください

手順 2. 次の同次方程式を解く.

㋒[　　　　　　　　]

変数分離形の標準形に直して解を求めると

㋓[　　　　　　　　]

手順 3. いま求めた解における任意定数 A を x の関数 $A(x)$ と考えると

㋔[　　　　　　　　] …(＊＊)

$$\left(\frac{f}{g}\right)' = \frac{f'\cdot g - f\cdot g'}{g^2}$$

$$\int \frac{f'}{f}\,dx = \log|f| + C$$

これが (＊) の解となるように $A(x)$ を決める.

(＊) に代入すると

㋕[　　　　　　　　]

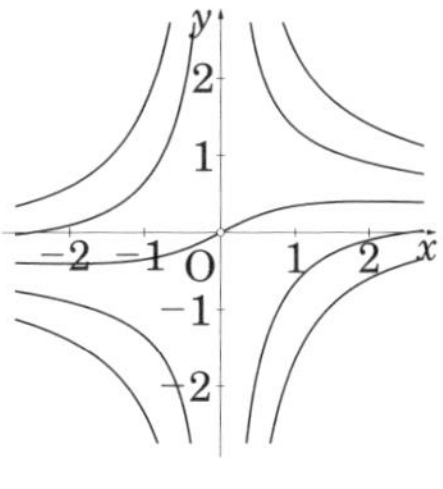

一般解の曲線群

計算して $A(x)$ を求めると

㋖[　　　　　　　　]

手順 4. 求めた $A(x)$ を (＊＊) に代入すると一般解が求まる.

㋗[　　　　　　　　]

【解終】

$xy' + y = (xy)'$ となることに注意すると，$(xy)' = \dfrac{x}{1+x^2}$ なので，両辺を x で積分する方法でも解を求めることができます

② 積分因子を求めて解く方法

非同次 1 階線形微分方程式

$$y' + P(x) y = Q(x) \qquad \cdots (\text{☆})$$

の両辺に，ある関数 $F(x)$ をかけてみると

$$F(x) y' + F(x) P(x) y = F(x) Q(x) \qquad \cdots (\text{☆☆})$$

この左辺がうまく $\{F(x) y\}'$ に一致するような，零関数（値が常に 0 の関数）とは
異なる $F(x)$ をさがそう.

$$\{F(x) y\}' = F'(x) y + F(x) y'$$

なので，これが (☆☆) の左辺になるとすると

$$F'(x) y + F(x) y' = F(x) y' + F(x) P(x) y$$
$$F'(x) y = F(x) P(x) y$$

関数 $y = 0$ は (☆) の解ではないので $y \neq 0$. 両辺を y で割ると

$$F'(x) = F(x) P(x)$$

ゆえに，$F(x) \neq 0$ となる x では

$$\frac{F'(x)}{F(x)} = P(x)$$

が成立する. 両辺を x で積分すると

指数と対数の関係は
実によく
出てきます！

$$\int \frac{F'(x)}{F(x)} \, dx = \int P(x) \, dx$$

$$\log a = b \ \Leftrightarrow \ a = e^b$$
$$e^{a+b} = e^a e^b$$

$$\log |F(x)| = \int P(x) \, dx + A_0$$

$$|F(x)| = e^{\int P(x)\,dx + A_0}$$

$$F(x) = A e^{\int P(x)\,dx} \qquad (A = \pm e^{A_0} : \text{任意定数})$$

$F(x)$ は 1 つみつければよいので $A = 1$ とすると

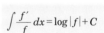

$$\int \frac{f'}{f} \, dx = \log |f| + C$$

$$F(x) = e^{\int P(x)\,dx}$$

が求まる. つまり (☆) にこの $F(x)$ をかければ, 方程式は

$$\{F(x) y\}' = F(x) Q(x)$$

となり，両辺を x で積分すれば y が求まる.

このような $F(x)$ を (☆) の **積分因子** という.

それではこの解き方の手順を示そう.

積分因子は
1 つとは限りません

【1 階線形微分方程式 $y' + P(x)y = Q(x)$ の解き方（積分因子）】

手順 1. 方程式を 1 階線形微分方程式の標準形に直す.

$$y' + P(x)y = Q(x) \qquad \cdots (\star)\text{ 標準形}$$

手順 2. 積分因子

$$F(x) = e^{\int P(x)\,dx}$$

を求める.

> 積分因子の計算は
> $\int P(x)dx$
> を先に求めておくと
> 便利です

手順 3. $(\star)$ の両辺に $F(x)$ をかけて形を整える.

$$F(x)y' + F(x)P(x)y = F(x)Q(x)$$

左辺は $\{F(x)y\}'$ になるように求めてあったので

$$\{F(x)y\}' = F(x)Q(x)$$

手順 4. 両辺を x で積分して，一般解 y を求める.

$$\int \{F(x)y\}'\,dx = \int F(x)Q(x)\,dx$$

$$F(x)y = \int F(x)Q(x)\,dx + C$$

$$y = \frac{1}{F(x)}\left\{\int F(x)Q(x)\,dx + C\right\}$$

$F(x) = e^{\int P(x)\,dx}$ だったので

$$y = \frac{1}{e^{\int P(x)\,dx}}\left[\int \left\{e^{\int P(x)\,dx}Q(x)\right\}dx + C\right]$$

一般解は

$$y = e^{-\int P(x)\,dx}\left[\int \left\{Q(x)\,e^{\int P(x)\,dx}\right\}dx + C\right] \qquad (C：任意定数)$$

> 当然ながら
> 定数変化法で求めた
> 一般解と同じですね

> 慣れてくると
> 比較的簡単な方程式では
> いちいち $e^{\int P(x)\,dx}$ を計算
> しなくても，積分因子を
> 見つけることができますよ

積分因子を求めて解く解法

例題

> 積分因子を求めて $y' - (\tan x)y = 2x$ を解こう.

∷ 解答 ∷ **手順 1.** 1 階線形微分方程式の標準形になっているので OK.
$P(x)$, $Q(x)$ を書き出しておくと

$$P(x) = -\tan x, \qquad Q(x) = 2x$$

$$(\sin x)' = \cos x$$
$$(\cos x)' = -\sin x$$

手順 2. 積分因子 $F(x)$ を求めよう. まず

$$\int P(x)\,dx = \int (-\tan x)\,dx = \int \frac{-\sin x}{\cos x}\,dx$$
$$= \int \frac{(\cos x)'}{\cos x}\,dx = \log|\cos x|$$

$$\int \frac{f'}{f}\,dx = \log|f| + C$$

これより

$$F(x) = e^{\int P(x)\,dx} = e^{\log|\cos x|} = |\cos x|$$

積分因子は1つ
見つければよいので
積分定数は0に
してあります

手順 3. 方程式の両辺に積分因子 $F(x)$ をかけて変形すると

$$|\cos x|y' - |\cos x|(\tan x)y = 2x|\cos x|$$

$e^{\log a} = a$

$|\cos x| = \pm\cos x$ より, 絶対値をはずして符号を整理すると

$$(\cos x)y' - (\cos x \tan x)y = 2x\cos x$$
$$(\cos x)y' - (\sin x)y = 2x\cos x$$
$$\therefore \quad \{(\cos x)y\}' = 2x\cos x$$

$$(f \cdot g)' = f' \cdot g + f \cdot g'$$
$$= f \cdot g' + f' \cdot g$$

手順 4. 両辺を x で積分する. 部分積分を使って

$$(\cos x)y = \int 2x\cos x\,dx$$
$$= 2\left(x\sin x - \int \sin x\,dx\right) = 2(x\sin x + \cos x + C)$$

ゆえに一般解は

$$y = \frac{2}{\cos x}(x\sin x + \cos x + C) \qquad (C：任意定数)$$

【解終】

$\cos x = 0$ となる x は
定義域から除きますが,
$|\cos x|$ の絶対値を避けたいときは,
定義域を $\cos x > 0$
の範囲にしてもよいでしょう

問題の方程式をながめて,
$\cos x$ をかけると左辺が
$\{(\cos x)y\}'$
になることに気がつけば,
手順 3 から始めてください

POINT 積分因子 $F(x)=e^{\int P(x)\,dx}$ を求めて，問題の微分方程式を $\{F(x)\,y\}'=F(x)\,Q(x)$ に変形し，両辺を x で積分する

演習 10

(1) 積分因子を求めて $y'+2y=x$ を解こう.

(2) 初期条件 $y(0)=1$ をみたす特殊解を求めよう.　解答は p.152

解答 (1) 手順 1. 1 階線形微分方程式の標準形になっているので OK.

$P(x)$，$Q(x)$ を書き出すと

$P(x)=$ ㋐ ＿＿，　$Q(x)=$ ㋑ ＿＿

手順 2. 積分因子 $F(x)$ を求める.

$\int P(x)\,dx=$ ㋒ ＿＿ より $F(x)=e^{\int P(x)\,dx}=$ ㋓ ＿＿

手順 3. 方程式の両辺に積分因子 $F(x)$ をかけて変形すると

㋔ ＿＿

手順 4. 両辺を x で積分すると

㋕ ＿＿

ゆえに一般解は

㋖ ＿＿

(2) 初期条件は $x=$ ㋗ ＿＿ のとき $y=$ ㋘ ＿＿ なので一般解に代入して C を求めると

㋙ ＿＿

したがって求める特殊解は

㋚ ＿＿

【解終】

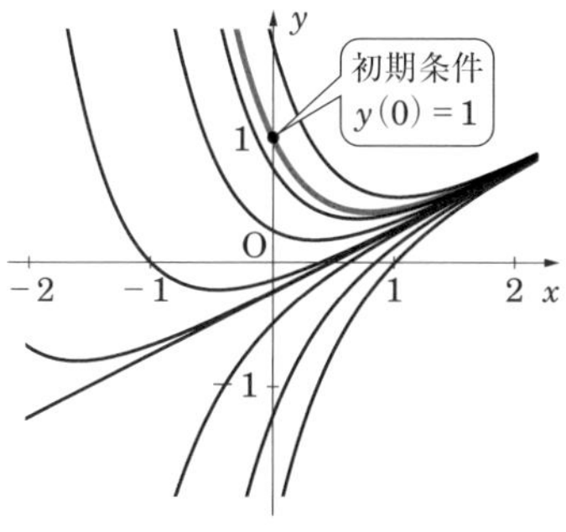

一般解の曲線群

$$\int f\cdot g'\,dx=f\cdot g-\int f'\cdot g\,dx$$

③ 解の公式をそのまま利用する方法

いままで学んできた 2 つの 1 階線形微分方程式の解き方

      ① 定数変化法

      ② 積分因子を求めて解く方法

のいずれにおいても，解の公式が求まっていたので，それを利用しよう．

【1 階線形微分方程式 $y' + P(x)\,y = Q(x)$ の解き方（解の公式）】

手順 1. 1 階線形微分方程式の標準形

$$y' + P(x)y = Q(x) \qquad \cdots 標準形$$

に直し，$P(x)$, $Q(x)$ を定める．

手順 2. $e^{\int P(x)\,dx}$ を求める．

手順 3. 一般解の公式

$$y = \frac{1}{e^{\int P(x)\,dx}}\left[\int\left\{Q(x)\,e^{\int P(x)\,dx}\right\}dx + C\right] \qquad (C：任意定数)$$

に代入して一般解を求める．

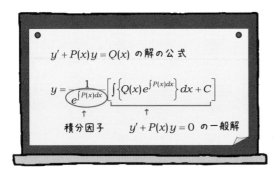

$$y' + P(x)y = Q(x) \ \text{の解の公式}$$

$$y = \frac{1}{\underbrace{e^{\int P(x)dx}}_{積分因子}}\Bigg[\int\Big\{Q(x)e^{\int P(x)dx}\Big\}\,dx + C\Bigg]$$

積分因子 $y' + P(x)y = 0$ の一般解

①と②の方法を
しっかり理解して
くださいね．
そうすれば公式も
覚えやすいですよ．

Column　微分方程式でケーキもおいしく？

　ある休日，H 教授夫妻は Y 先生の家に招かれた．Y 先生の妻 T 子さんはケーキ作りが趣味で，新作のケーキの試食をすることになっている．上品な味に出来上がったケーキをご馳走になりながら皆でおしゃべりをしているとき，彼女が次のようなことを言った．

　「ケーキが焼き上がって，オーブンから取り出してから何分ぐらいで室温になるのか大体の時間がわかれば，もう少し手際よくできてもっとおいしく仕上がるのだけど，その時々によって異なるから……」

　すると H 教授がすぐに反応した．

　「それは，**ニュートンの冷却の法則**を使えばすぐにわかりますよ」

　そう言って胸ポケットからペンとメモ帳を取り出し，いつものように説明し始めた．

　ケーキの温度を時刻 t の関数 $T(t)$ とすると，ニュートンの冷却の法則によれば，室温が一定であれば

　　　$T(t)$ の時間的変化率 $\dfrac{dT(t)}{dt}$ は室温との差に比例する

ということだから，その日の室温を T_r とすれば次の微分方程式が成り立つことになります．

$$\frac{dT(t)}{dt} = k\{T(t) - T_r\}$$

　書き直すと

$$T'(t) - kT(t) = -kT_r$$

となる．ケーキは何度で焼くのですか？　例えば $A°$ なら，これは

　　　初期条件 $T(0) = A°$ の **1 階線形微分方程式**の**初期値問題**

です，と言って解き始めた．そして，比例定数 k の値を決めるため，次回のケーキ作りの日に料理用の温度計を持参してちゃっかりお邪魔する約束をしたのであった．微分方程式がケーキのおいしさにどんな影響を与えるのか，H 教授の妻は「かえって味が落ちないといいんだけど」と内心では心配しながら……．

解の公式を用いた解法①

例題

> (1) 解の公式を利用して $y'+y=e^{-x}$ を解こう.
> (2) 初期条件 $y(0)=1$ をみたす特殊解を求めよう.

◆ 解答 ◆ (1) **手順 1.** はじめから 1 階線形微分方程式の標準形になっているので OK.

$P(x)$, $Q(x)$ を書き出すと

$$P(x)=1, \qquad Q(x)=e^{-x}$$

手順 2. $e^{\int P(x)\,dx}$ を求める.

$$e^{\int P(x)\,dx}=e^{\int 1\,dx}=e^{x}$$

手順 3. 一般解の公式へ代入して

$$y=\frac{1}{e^{x}}\left[\int e^{-x}e^{x}\,dx+C\right]$$
$$=e^{-x}\left\{\int 1\,dx+C\right\}$$
$$=e^{-x}(x+C)$$

ゆえに一般解は

$$y=(x+C)\,e^{-x} \qquad (C:任意定数)$$

(2) 初期条件は $x=0$ のとき $y=1$ なので, 一般解へ代入して C を定めると

$$1=(0+C)\,e^{0}$$
$$C=1$$

これより求める特殊解は

$$y=(x+1)\,e^{-x}$$

【解終】

$y'+P(x)y=Q(x)$ の解の公式

$$y=\frac{1}{e^{\int P(x)\,dx}}\left[\int\left\{Q(x)\,e^{\int P(x)\,dx}\right\}dx+C\right]$$

$(C:任意定数)$

手順 2 の積分は積分定数を 0 として関数を 1 つ求めてください

もしも $\int P(x)dx$ の積分計算が大変な場合には先に計算しておきましょう

$e^{0}=1$

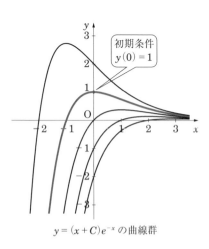

初期条件 $y(0)=1$

$y=(x+C)\,e^{-x}$ の曲線群

公式を覚えれば簡単です

POINT 解の公式を用いる

演習 11

(1)　解の公式を利用して $y'-3y=x$ を解こう.

(2)　初期条件 $y(0)=1$ をみたす特殊解を求めよう.　解答は p.152

解答　(1)　手順 1.　はじめから 1 階線形微分方程式の標準形になっているので OK.

$P(x), Q(x)$ を書き出すと

$P(x)=$ ㋐□,　$Q(x)=$ ㋑□

手順 2.　$e^{\int P(x)dx}$ を求める.

$e^{\int P(x)dx}=$ ㋒□

手順 3.　公式へ代入して一般解を求める.

$$\int f\cdot g'\,dx=f\cdot g-\int f'\cdot g\,dx$$

$y=\dfrac{1}{㋓\square}\left[\int ㋔\square\,dx+C\right]$

部分積分で積分して計算すると

$y=$ ㋕□

ゆえに一般解は

㋖□

(2)　初期条件は $x=$ ㋗□ のとき $y=$ ㋘□

なので, 一般解へ代入して C を定めると

㋙□

ゆえに求める特殊解は

㋚□

【解終】

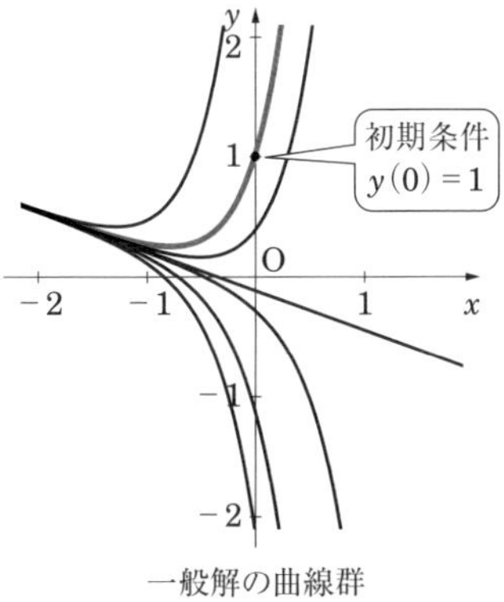

一般解の曲線群

解の公式を用いた解法②

例題

解の公式を利用して次の微分方程式を解こう.

$$xy' + y = x \log x \qquad (x > 0)$$

∷ 解 答 ∷ **手順 1.** 標準形に直すために両辺を x で割ると

$$y' + \frac{1}{x} y = \log x$$

これより $\quad P(x) = \dfrac{1}{x}, \qquad Q(x) = \log x$

手順 2. $e^{\int P(x)\,dx}$ を求める.

$$e^{\int P(x)\,dx} = e^{\int \frac{1}{x}\,dx} = e^{\log x} = x$$

手順 3. 公式に代入して一般解を求める.

$$y = \frac{1}{x}\left[\int \log x \cdot x \, dx + C\right]$$

$$= \frac{1}{x}\left[\int x \log x \, dx + C\right]$$

部分積分を使って計算すると

$$y = \frac{1}{x}\left\{\frac{1}{2} x^2 \log x - \int \frac{1}{2} x^2 \cdot \frac{1}{x} \, dx\right\}$$

$$= \frac{1}{x}\left\{\frac{1}{2} x^2 \log x - \frac{1}{2}\int x \, dx + C\right\}$$

$$= \frac{1}{x}\left(\frac{1}{2} x^2 \log x - \frac{1}{4} x^2 + C\right)$$

$$= \frac{1}{x}\left\{\frac{1}{4} x^2 (2 \log x - 1) + C\right\}$$

$$= \frac{1}{4} x (2 \log x - 1) + \frac{C}{x}$$

ゆえに一般解は

$$y = \frac{1}{4} x (2 \log x - 1) + \frac{C}{x} \quad (C:任意定数)$$

【解終】

> **$y' + P(x) y = Q(x)$ の解の公式**
>
> $$y = \frac{1}{e^{\int P(x)\,dx}}\left[\int\left\{Q(x)\, e^{\int P(x)\,dx}\right\}dx + C\right]$$
>
> （C：任意定数）

$$e^{\log a} = a$$

$$\int f' \cdot g \, dx = f \cdot g - \int f \cdot g' \, dx$$

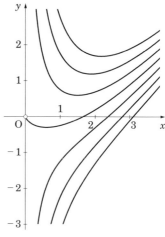

$y = \dfrac{1}{4} x (2 \log x - 1) + \dfrac{C}{x}$ の曲線群

POINT 解の公式 $y=\dfrac{1}{e^{\int P(x)\,dx}}\left[\int\left\{Q(x)\,e^{\int P(x)\,dx}\right\}dx+C\right]$ を用いる

演習 12

解の公式を利用して次の微分方程式を解こう．

$$xy'-y=\frac{x^4}{1+x^2}$$

解答は p.152

解答 手順 1．標準形に直すため，$x\neq 0$ として両辺を x で割ると

㋐

これより

$P(x)=$ ㋑ ，　$Q(x)=$ ㋒

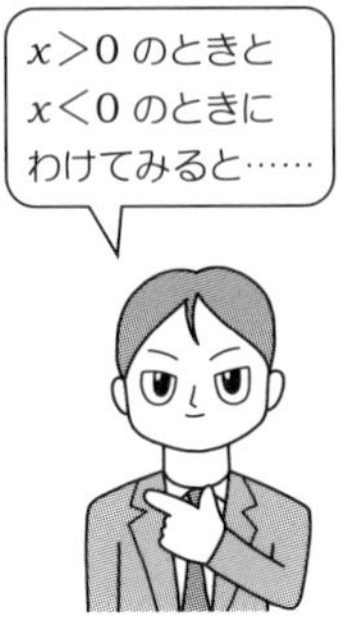
$x>0$ のときと
$x<0$ のときに
わけてみると……

手順 2．$e^{\int P(x)\,dx}$ を求める．

$e^{\int P(x)\,dx}=$ ㋓

手順 3．公式に代入して一般解を求める．

$y=$ ㋔

$$\int\frac{1}{1+x^2}\,dx=\tan^{-1}x+C$$

ゆえに一般解は

㋕

【解終】

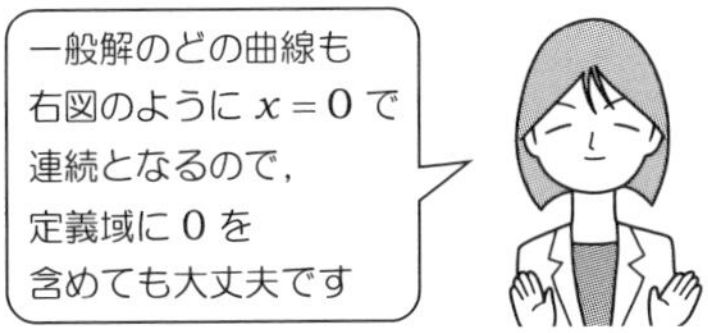
一般解のどの曲線も
右図のように $x=0$ で
連続となるので，
定義域に 0 を
含めても大丈夫です

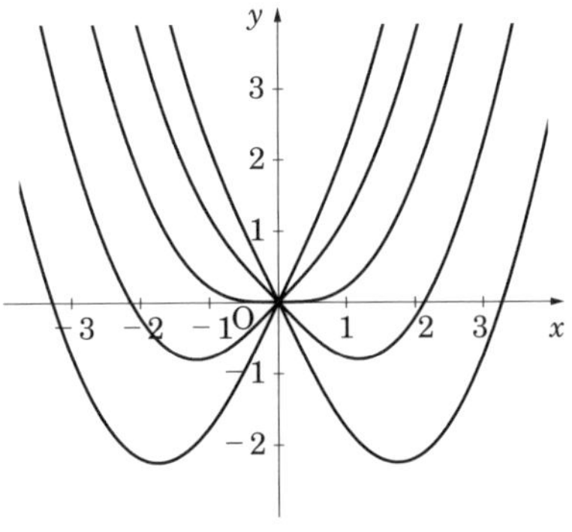
y
3
2
1
−3
−2
−1
O
1
2
3
x
−1
−2

一般解の曲線群

ベルヌーイの方程式

右辺が 1 階線形微分方程式とは少し異なる**ベルヌーイの方程式**

$$y' + R(x)y = S(x)y^k \qquad (k \neq 0, 1) \qquad \cdots (*)$$

の解き方を紹介しよう. $k = 0, 1$ のときは 1 階線形微分方程式となる.

$(*)$ の両辺に y^{-k} をかけると

$$y^{-k}y' + R(x)y^{1-k} = S(x) \qquad \cdots (**)$$

ここで

$$(y^{-k+1})' = (-k+1)y^{-k}y'$$

なので, $(**)$ の両辺に $(-k+1)$ をかけると

$$(-k+1)y^{-k}y' + (-k+1)R(x)y^{1-k} = (-k+1)S(x)$$

$$\therefore \quad (y^{-k+1})' + (-k+1)R(x)y^{-k+1} = (-k+1)S(x)$$

そこで

$$u = y^{-k+1}$$

合成関数の微分法

$$\frac{dy}{dx} = \frac{dy}{du}\frac{du}{dx}$$

$$\frac{d(y^n)}{dx} = \frac{d(y^n)}{dy}\frac{dy}{dx}$$

$$= ny^{n-1} \cdot y'$$

とおく. つまりこの式で未知関数 y を未知関数 u に変換すると

$$u' + (-k+1)R(x)u = (-k+1)S(x)$$

これは, x が独立変数, u が x の未知関数の 1 階線形微分方程式なので解くことができる. そして求まった解 u をもとにもどせば, 一般解が求まる.

【**ベルヌーイの方程式** $y' + R(x)y = S(x)y^k \quad (k \neq 0, 1)$ **の解き方**】

手順 1. 方程式の両辺に $(-k+1)y^{-k}$ をかけて変形する.

$$(-k+1)y^{-k}y' + (-k+1)R(x)y^{-k}y = (-k+1)S(x)$$

$$(y^{-k+1})' + (-k+1)R(x)y^{-k+1} = (-k+1)S(x)$$

手順 2. $u = y^{-k+1}$ とおいて 1 階線形微分方程式に直す.

$$u' + (-k+1)R(x)u = (-k+1)S(x)$$

手順 3. 1 階線形微分方程式を解く.

手順 4. u をもとにもどして一般解を求める.

Column　ベルヌーイ一族

　数学史上，ベルヌーイ一族ほど著名な数学者を多く輩出した家系はありません．
ベルヌーイ一族は 1583 年に当時スペインが支配していたアムステルダムからスイスのバーゼルに逃れ，主に下図の 8 人が数学と物理学で名を残しています．特に有名なのはヤコブ I，ヨハン I とダニエル I です．ヤコブ I とヨハン I はともに怒りっぽい性格の兄弟で，ヨハン I は息子のダニエル I が親を出し抜いてフランス科学アカデミー賞をとってしまったので，家から追い出してしまったそうです．

　下図に業績のほんの一部を添えておきましたので，皆さんが学んだことのある言葉を見つけてください．

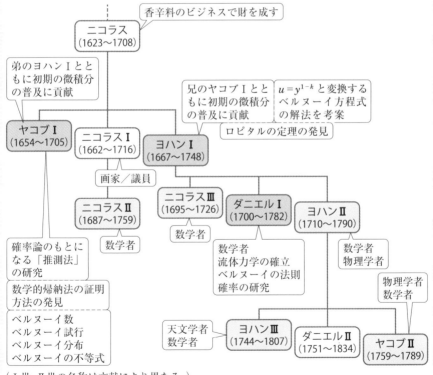

（I 世，II 世の名称は文献により異なる．）

ベルヌーイの方程式

例題

> $y' + y = xy^3$ を解こう.

∷ 解 答 ∷ $k = 3$ の場合のベルヌーイの方程式である.

手順1. 両辺に $(-k+1)y^{-k} = -2y^{-3}$ をかけると

$$-2y^{-3}y' - 2y^{-3}y = -2x \qquad \therefore \quad (y^{-2})' - 2y^{-2} = -2x$$

手順2. $u = y^{-2}$ とおくと

$$u' - 2u = -2x \qquad (1\text{ 階線形微分方程式})$$

手順3. 1 階線形微分方程式の解の公式を用いて解こう.

$$P(x) = -2, \qquad Q(x) = -2x$$

なので

$$e^{\int P(x)\,dx} = e^{\int(-2)\,dx} = e^{-2x}$$

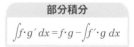

$y' + P(x)y = Q(x)$ の解の公式

$$y = \frac{1}{e^{\int P(x)\,dx}}\left[\int\left\{Q(x)\,e^{\int P(x)\,dx}\right\}dx + C\right]$$

（C：任意定数）

ゆえに

$$u = \frac{1}{e^{-2x}}\left\{\int(-2x)\,e^{-2x}dx + C\right\}$$

$$= e^{2x}\left\{-2\int xe^{-2x}dx + C\right\}$$

部分積分を使うと

部分積分

$$\int f \cdot g'\,dx = f \cdot g - \int f' \cdot g\,dx$$

$$= e^{2x}\left\{-2\left(-\frac{1}{2}xe^{-2x} + \frac{1}{2}\int e^{-2x}dx\right) + C\right\}$$

$$= e^{2x}\left\{xe^{-2x} + \frac{1}{2}e^{-2x} + C\right\} = x + \frac{1}{2} + Ce^{2x}$$

$$\therefore \quad u = \frac{1}{2}\left(2Ce^{2x} + 2x + 1\right)$$

手順4. $u = y^{-2}$ なので

$$y^{-2} = \frac{1}{2}\left(2Ce^{2x} + 2x + 1\right)$$

任意定数をおきかえると, 一般解は

$$y^2 = \frac{2}{Ce^{2x} + 2x + 1} \qquad (C：任意定数)$$

【解終】

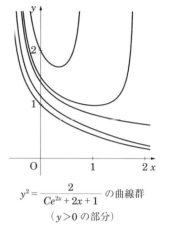

$$y^2 = \frac{2}{Ce^{2x} + 2x + 1}\ \text{の曲線群}$$

（$y > 0$ の部分）

POINT 微分方程式の両辺に $(-k+1)y^{-k}$ をかけ，$u=y^{-k+1}$ とおいて，1 階線形微分方程式に持ち込む

演習 13

$y'+\dfrac{y}{x}=\dfrac{x^3}{y^2}$ $(x>0)$ を解こう.

解答は p.152

解答 方程式は

$$y'+\frac{1}{x}y=x^3y^{㋐\square}$$

とかけるので $k=$ ㋑ $\square$ のベルヌーイの方程式である.

手順 1. 両辺に $(-k+1)y^{-k}=$ ㋒ $\square$ をかけると

㋓ $\square$

手順 2. $u=$ ㋔ $\square$ とおくと

㋕ $\square$

手順 3. この方程式を解く.

$$\int\frac{1}{x}\,dx=\log x+C\quad(x>0)$$

$$e^{\log a}=a$$

$P(x)=$ ㋖ $\square$, $Q(x)=$ ㋗ $\square$

なので

㋘ $\square$

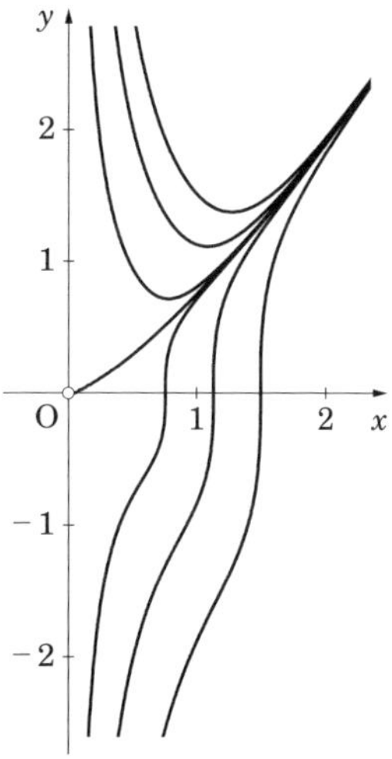

一般解の曲線群

手順 4. u をもとにもどすと一般解が求まる.

㋙ $\square$

【解終】

完全微分方程式

【1】 偏微分と全微分

偏微分と全微分の概念を復習しておこう.

2つの変数 x と y をもつ2変数関数 $z = F(x, y)$ について

　　x についての偏微分 $F_x(x, y)$ ：y を定数とみなし $F(x, y)$ を x で微分

　　y についての偏微分 $F_y(x, y)$ ：x を定数とみなし $F(x, y)$ を y で微分

であった.

　　また $z = F(x, y)$ が全微分可能，つまり接平面が存在するとき

　　$$dF = F_x(x, y)\,dx + F_y(x, y)\,dy$$

を $z = F(x, y)$ の**全微分**といった. これは

2つの変数 x と y の微小変化 dx, dy と

$z = F(x, y)$ の微小変化の dF との関係を示

す式と考えてよい.

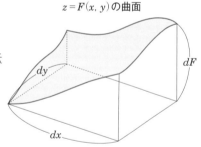

$z = F(x, y)$ の曲面

【2】 完全微分方程式

$$\frac{dy}{dx} = -\frac{P(x, y)}{Q(x, y)}$$

の形の微分方程式を

　　$$P(x, y)\,dx + Q(x, y)\,dy = 0 \qquad \cdots ①$$

の形に直す. このとき①の左辺がちょうど，ある2変数関数 $z = F(x, y)$ の全微分

になっているとき，①を**完全微分方程式**または**完全微分形**という. もし

　　$$dF = P(x, y)\,dx + Q(x, y)\,dy$$

となる $z = F(x, y)$ が求まれば①は

　　$$dF = 0$$

となる. これは $z = F(x, y)$ の変化が 0 だということなので

　　$$F(x, y) = C \qquad （C：任意定数）$$

となり，これが完全微分方程式の一般解となる.

全微分を
しっかり復習して
おきましょう

問題 14 全微分

例題

(1) $z=xy$ の全微分 $d(xy)$ を求めよう.

(2) これを利用して $ydx+xdy=0$ を解こう.

解答 (1) 全微分の定義に従って計算していこう.

$F(x, y)=xy$ なので

$F_x=(xy)_x=1\cdot y=y,\qquad F_y=(xy)_y=x\cdot 1=x$

$\therefore\quad d(xy)=(xy)_x\,dx+(xy)_y\,dy=ydx+xdy$

$\therefore\quad d(xy)=ydx+xdy$

(2) (1)よりこの微分方程式の左辺は

$$F(x, y)=xy$$

の全微分になっているので

$d(xy)=ydx+xdy=0,\qquad d(xy)=0$

$\therefore\quad xy=C\qquad (C：任意定数)$

これが一般解である. 【解終】

全微分

$dF=F_x\,dx+F_y\,dy$

偏微分

F_x： y を定数とみなして x で微分

F_y： x を定数とみなして y で微分

POINT F の全微分：$dF=F_xdx+F_ydy$ を用いる

演習 14

(1) $z=x^2+y^2$ の全微分 $d(x^2+y^2)$ を求めよう.

(2) これを利用して $xdx+ydy=0$ を解こう. 解答は p.153

解答 (1) $F(x, y)=x^2+y^2$ とおき偏微分する.

$F_x=(x^2+y^2)_x=$ ㋐ ______

$F_y=(x^2+y^2)_y=$ ㋑ ______

これより

$d(x^2+y^2)=$ ㋒ ______

(2) 微分方程式 $xdx+ydy=0$ の両辺を ㋓ ___ 倍とすると, (1)より左辺は ㋔ ______ の全微分になっているので

㋕ ______

【解終】

【3】 完全微分方程式であるための条件

$$ydx + xdy = 0$$

$$2xdx + 2ydy = 0$$

のように，左辺が比較的簡単に $d(xy)$，$d(x^2+y^2)$ とわかる場合はよいが，そううまく行く場合は多くない．たとえば

$$ydx - xdy = 0$$

の左辺はどんな関数の全微分 dF になっているのだろうか？　はたしてちょうどうまく何かの関数 F の全微分になっているのだろうか？

そこで次の定理が登場する．

定理 1.7.1　完全微分方程式であるための条件

微分方程式

$$P(x, y)\,dx + Q(x, y)\,dy = 0$$

が完全微分形であるための必要十分条件は

$$P_y(x, y) = Q_x(x, y)$$

が成立することである．

重要な条件です

| 証明 |

$P(x, y) = P$，$Q(x, y) = Q$ などと省略して書くことにすると，定理は次のことを言っている．

$$Pdx + Qdy = 0 \text{ が完全微分形} \overset{\text{同値}}{\Longleftrightarrow} P_y = Q_x$$

したがって証明は両方の矢印 $\Rightarrow$ と $\Leftarrow$ を示さなければいけない．

(i) $\Rightarrow$ の証明

$Pdx + Qdy = 0$ が完全微分形だとすると，完全微分方程式の定義より，ある 2 変数関数 $z = F(x, y)$ があって

$$F_x(x, y) = P, \qquad F_y(x, y) = Q$$

となっている．これより

$$P_y = (F_x)_y = F_{xy}, \qquad Q_x = (F_y)_x = F_{yx}$$

ここで，$z = F(x, y)$ について $F_{xy} = F_{yx}$ と仮定すると　　　　　　← [注] 参照

$$P_y = Q_x$$

が示せる．

(ii) ⇐ の証明

$P_y = Q_x$ が成立しているとする.

$$G(x, y) = \int P(x, y)\, dx$$

とおくと

$$G_x = \left\{ \int P(x, y)\, dx \right\}_x = P(x, y) = P \qquad \cdots (\flat)$$

$$\therefore \quad G_{xy} = P_y$$

いま $P_y = Q_x$ が成立しているので

$$G_{xy} = Q_x \qquad \therefore \quad G_{xy} - Q_x = 0$$

$G(x, y)$ について $G_{xy} = G_{yx}$ が成立しているとすると　　　　　　　　← [注] 参照

$$G_{yx} - Q_x = 0 \qquad \therefore \quad (G_y - Q)_x = 0$$

"$(G_y - Q)$ を x で偏微分すると 0" ということは "y のみの関数" ということなので

$$G_y - Q = g(y), \qquad Q = G_y - g(y) \qquad \cdots (\natural)$$

したがって $(\flat)$, $(\natural)$ を使うと

$$P\, dx + Q\, dy = G_x\, dx + \{G_y - g(y)\}\, dy = d\left(G - \int g(y)\, dy \right)$$

となり $P\, dx + Q\, dy$ は

$$F(x, y) = G(x, y) - \int g(y)\, dy$$

の全微分であることがわかる.　ゆえに　$P\, dx + Q\, dy = 0$　は完全微分方程式である.

(i)(ii)より定理が示された.　　　　　　　　　　　　　　　　　　　　　【証明終】

[注] 2 変数関数 $z = F(x, y)$ について,　2 階の偏導関数 $F_{xy}(x, y)$, $F_{yx}(x, y)$ がともに連続ならば $F_{xy} = F_{yx}$ が成立する.　$F_{xy} \neq F_{yx}$ となる点 (x, y) では,　$P_y \neq Q_x$ なのでそのような点の周辺は除いて考えればよい.

　この定理の(ii) ⇐ の証明がまさしく完全微分方程式の解き方になっているので,　改めて次頁に書き出しておこう.

> x で偏微分したり
> y で偏微分したり
> ちょっと複雑ですね

【完全微分方程式 $P(x, y)\,dx + Q(x, y)\,dy = 0$ の解き方】

手順1. 方程式を標準形に直す.

$$P(x, y)\,dx + Q(x, y)\,dy = 0 \qquad \cdots① \ 標準形$$

手順2. 完全微分方程式かどうか条件を確認する.

$P_y = Q_x$ が成立するかどうか調べる. 成立すれば定理 1.7.1 (p.52) により①は
完全微分方程式で

$$F_x(x, y) = P(x, y) \qquad \cdots②$$

$$F_y(x, y) = Q(x, y) \qquad \cdots③$$

となる $F(x, y)$ が存在する.

> x で積分するときは
> y のみの関数 $p(y)$ を,
> y で積分するときは
> x のみの関数 $q(x)$ を,
> 積分定数として加える
> ことを忘れずに

手順3. ②を x で積分,③を y で積分する.

$$F(x, y) = \int P(x, y)\,dx + p(y) \qquad \cdots②' \quad (p(y) \ は \ y \ のみの関数)$$

$$F(x, y) = \int Q(x, y)\,dy + q(x) \qquad \cdots③' \quad (q(x) \ は \ x \ のみの関数)$$

手順4. ②′と③′より $p(y)$ と $q(x)$ を求める.

$$\int P(x, y)\,dx + p(y) = \int Q(x, y)\,dy + q(x)$$

から

$$p(y) + (y \ のみの関数) = q(x) + (x \ のみの関数)$$

に変形して,この等式が成り立つのは任意定数 C' のときのみなので,

$p(y) + (y \ のみの関数) = q(x) + (x \ のみの関数) = C'$ として

$$p(y) = -(y \ のみの関数) + C'$$

$$q(x) = -(x \ のみの関数) + C'$$

手順5. 求まった $p(y)$ または $q(x)$
を,②′または③′に代入して $F(x, y)$
を求める.

$$P(x, y)\,dx + Q(x, y)\,dy = 0$$
$$\Updownarrow$$
$$\int P(x, y)\,dx + \int Q(x, y)\,dy = 0$$

> こう単純に変形しては
> いけませんよ

手順6. ①,②,③より $dF(x, y) = 0$
なので

$$F(x, y) = C'' \qquad (C'': 任意定数)$$

となるので,手順5で求めた $F(x, y)$ が C'' となることから,一般解を求める.

Column   クレロー (1713 ～ 1765)

$pdx + qdy$ (p, q はともに x, y の関数) が**完全微分**になる条件を考え出したのはアレクシス・クロード・クレローです. 彼はフランスの数学, 天体力学の研究者でした.

彼の父親は子供を 20 人ももうけましたが, 父親より長生きしたのは彼一人でした. クレローは早熟な数学者で, 18 歳で年齢制限の特別免除を受けて科学アカデミー会員になりました. この年, 彼は有名な論文「二重曲率の曲線に関する研究」を出版しましたが, その内容はすでに 2 年前にアカデミーに提出されていたものだったそうです. この論文は 3 次元空間における解析幾何学に関する初めての論文と言われています. ちなみに, 彼の弟の一人も早熟な数学者で, 兄の論文出版と同じ年である 15 歳の時に「円と双曲線の求積法について」を出版しましたが, 翌年天然痘により亡くなったそうです.

1736 年クレローは地球上の緯度 1 度の長さをラップランドとパリ郊外とで測定比較し, 地球は両極付近で平らになっているというニュートン説の正しさを証明しました. また, 1743 年に書いた「地球形状論」では, 地球の扁平率 (球に比べてどの程度扁平かを表す値) を流体静力学の原理を使って理論値を導いていましたが, この値がペルーで行われた赤道直径の実測から得られた値に極めて近かったことで, クレローはニュートンの提唱した力学が「ニュートン物理学」として学会で地位を得ることに大いに貢献したのでした.

常微分方程式の解法の研究は微分と積分の間の逆の関係が認識されると同時に始まっていたと考えられます. しかし, ほとんどの微分方程式は簡単には解けず, 巧妙な変数変換などの計算技術が必要となります. 18 世紀における微分方程式の解法に関する研究は, 単純な方法によって解ける微分方程式を見つけ出すことであったといってもよいでしょう. 本書にも出てくるクレローの方程式や, ベルヌーイの方程式などもその例です.

今では誰でもニュートンの偉大さを知っていますが, 当時はなかなか認めてもらえなかったようです. クレローの貢献が大きいですね.

完全微分形①

例題

次の方程式が完全微分形であることを示し，一般解を求めよう．
$$y\,dx + (x + 6y)\,dy = 0$$

:: 解 答 :: **手順 1．** 標準形になっているので，すぐに
$$P(x, y) = y \quad \cdots ①, \qquad Q(x, y) = x + 6y \quad \cdots ①'$$
手順 2． 完全微分形かどうか調べる．①，①' より
$$P_y = (y)_y = 1, \qquad Q_x = (x + 6y)_x = 1 + 0 = 1$$
$P_y = Q_x$ なので確かに完全微分形となっている．ゆえに
$$F_x = P = y \quad \cdots ②, \qquad F_y = Q = x + 6y \quad \cdots ③$$
となる $F(x, y)$ が存在する．

手順 3． ②を x で積分，③を y で積分すると
$$F = \int y\,dx = xy + p(y) \qquad \cdots ②'$$
$$F = \int (x + 6y)\,dy = xy + 3y^2 + q(x) \qquad \cdots ③'$$

手順 4． ②'＝③' より $p(y)$ または $q(x)$ を求める．
$$xy + p(y) = xy + 3y^2 + q(x)$$
x のみの関数と y のみの関数に分離して
$$p(y) - 3y^2 = q(x)$$
この左辺は y のみの関数，右辺は x のみの関数．
これらが等しいのはともに定数のときだけなので
$$p(y) - 3y^2 = q(x) = C' \qquad (C' \text{ は定数})$$

手順 5． ③' に $q(x)$ を代入すると $\quad F(x, y) = xy + 3y^2 + C'$

手順 6． 一般解は，
$F(x, y) = C''$ より
$$xy + 3y^2 + C' = C''$$
定数をおきかえて
$$xy + 3y^2 = C$$
$\qquad (C \text{ は任意定数})$

【解終】

$p(y)$ や $q(x)$ を
忘れずに

ここでは
$q(x)$ のほうを
使いました

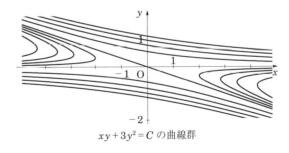

$xy + 3y^2 = C$ の曲線群

POINT ▶ $P_y = Q_x$ をチェックして，$Pdx + Qdy = 0$ が完全微分形であることを示し，$F_x = P$，$F_y = Q$ となる $F(x, y)$ が存在することを使う

演習 15

次の微分方程式が完全微分方程式であることを示し，一般解を求めよう．
$$3x^2y^4dx + (4x^3y^3 - 1)dy = 0$$

解答は p.153

∷ 解答 ∷ **手順 1.** すでに標準形になっている．

$$P = {}^{\textcircled{\tiny ア}}\boxed{}, \qquad Q = {}^{\textcircled{\tiny イ}}\boxed{}$$

手順 2. $P_y = Q_x$ が成立するかどうか調べる．

$$P_y = {}^{\textcircled{\tiny ウ}}\boxed{}, \qquad Q_x = {}^{\textcircled{\tiny エ}}\boxed{}$$

ゆえにこの方程式は ${}^{\textcircled{\tiny オ}}\boxed{}$ である．したがって

$$F_x = {}^{\textcircled{\tiny カ}}\boxed{} \quad \cdots ②, \qquad F_y = {}^{\textcircled{\tiny キ}}\boxed{} \quad \cdots ③$$

となる $F(x, y)$ が存在する．

手順 3. ②を x で積分，③を y で積分すると

$$F = {}^{\textcircled{\tiny ク}}\boxed{} \quad \cdots ②'$$

$(p(y)$ は y のみの関数)

$$F = {}^{\textcircled{\tiny ケ}}\boxed{} \quad \cdots ③'$$

$(q(x)$ は x のみの関数)

手順 4. ②′，③′より $p(y)$ または $q(x)$ を求める．

$${}^{\textcircled{\tiny コ}}\boxed{}$$

$$\therefore \quad p(y) = {}^{\textcircled{\tiny サ}}\boxed{}, \qquad q(x) = {}^{\textcircled{\tiny シ}}\boxed{} \quad (C' : 定数)$$

手順 5. ③′に $q(x)$ を代入して $F(x, y)$ を求めると

$$F(x, y) = {}^{\textcircled{\tiny ス}}\boxed{}$$

手順 6. ゆえに一般解は

$${}^{\textcircled{\tiny セ}}\boxed{}$$

【解終】

一般解の曲線群

完全微分形②

例題

次の方程式が完全微分形であることを示し，解いてみよう．

$$y' = \frac{\cos x - 2xy}{x^2 - 1}$$

◦◦ 解答 ◦◦ **手順 1．** 方程式を変形して標準形に直し，P と Q を決めよう．

$$\frac{dy}{dx} = \frac{\cos x - 2xy}{x^2 - 1}$$

$$(\cos x - 2xy)\,dx + (1 - x^2)\,dy = 0$$

$$\therefore\quad P = \cos x - 2xy, \qquad Q = 1 - x^2$$

$$\int \sin x \, dx = -\cos x + C$$

$$\int \cos x \, dx = \sin x + C$$

手順 2． 完全微分形かどうか調べる．

$$P_y = (\cos x - 2xy)_y = -2x, \qquad Q_x = (1 - x^2)_x = -2x$$

なので確かに完全微分形．ゆえに

$$F_x = P = \cos x - 2xy \quad \cdots ②, \qquad F_y = Q = 1 - x^2 \quad \cdots ③$$

となる $F(x, y)$ が存在する．

手順 3． ②を x で積分，③を y で積分すると

$$F = \int (\cos x - 2xy)\,dx = \sin x - x^2 y + p(y) \qquad \cdots ②'$$

$$F = \int (1 - x^2)\,dy = (1 - x^2)y + q(x) \qquad \cdots ③'$$

手順 4． ②′＝③′より

$$\sin x - x^2 y + p(y) = (1 - x^2)y + q(x)$$

x と y を分離して

$$\sin x - q(x) = y - p(y) = C' \quad (C' : 定数)$$

$$\therefore\quad p(y) = y - C', \qquad q(x) = \sin x - C'$$

手順 5． ②′に $p(y)$ を代入して，

$$F = \sin x - x^2 y + y - C'$$

手順 6． 一般解は

$$\sin x - x^2 y + y = C$$

$$y = \frac{\sin x - C}{x^2 - 1} \quad (C : 任意定数)$$

【解終】

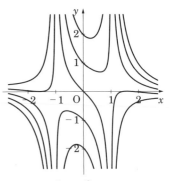

地図の等高線みたいですね

$y = \dfrac{\sin x - C}{x^2 - 1}$ の曲線群

POINT> $P_y = Q_x$ をチェックして，$P\,dx + Q\,dy = 0$ が完全微分形であることを示し，$F_x = P$，$F_y = Q$ となる $F(x, y)$ が存在することを使う

演習 16

次の方程式が完全微分方程式であることを示し，解いてみよう．

$$(2xy - e^x \cos y)\,y' = e^x \sin y - y^2$$

解答は p.153

解答 手順 1．標準形に直して P と Q を決める．

㋐

∴ $P =$ ㋑ ，$Q =$ ㋒

手順 2．完全微分方程式であることを確認する．

㋓

ゆえに

$F_x =$ ㋔ …② ，$F_y =$ ㋕ …③

となる $F(x, y)$ が存在する．

手順 3．②を x で積分，③を y で積分して

㋖

（$p(y)$：y のみの関数，$q(x)$：x のみの関数）

一般解の曲線群は
$z = F(x, y)$
の表す曲面の
等高線と
なっています

手順 4．手順 3 の結果より $p(y)$，$q(x)$ を求めると

㋗

手順 5．F を求めると

㋘

手順 6．ゆえに一般解は

㋙

【解終】

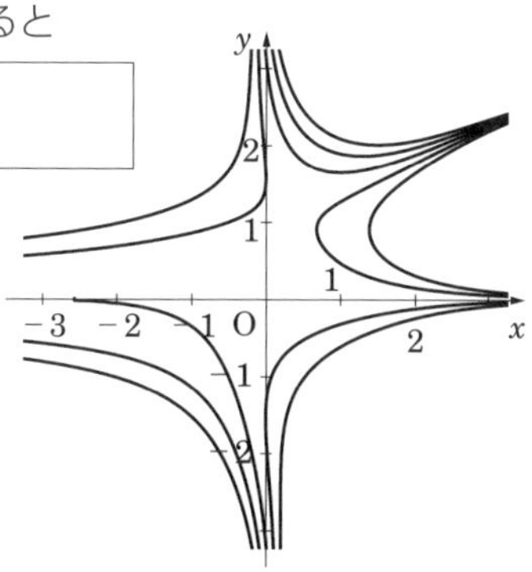
y
2
1
1
−3
−2
−1
O
2
x
−1
−2

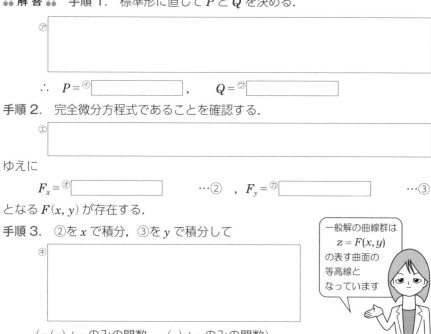

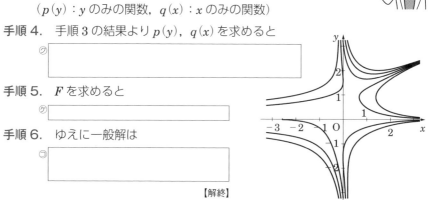

一般解の曲線群

【4】 積分因子

完全微分形ではない微分方程式
$$P(x, y)dx + Q(x, y)dy = 0 \qquad \cdots ①$$
（つまり $P_y \neq Q_x$）の両辺に零関数とは異なる，ある関数 $M(x, y)$ をかけた
$$M(x, y)P(x, y)dx + M(x, y)Q(x, y)dy = 0 \qquad \cdots ①'$$
が完全微分形になるとき，$M(x, y)$ を①の**積分因子**という．そして①'の一般解は①の一般解となる．積分因子は 1 つとは限らない．

問題 17 完全微分形でない場合①

例題

積分因子は前にも出てきましたね

$$(1+2x)\,e^{-y}dx + 2e^y dy = 0 \qquad \cdots ①$$
の積分因子の 1 つが e^y であることを使って，この方程式を解こう．

解答 $P = (1+2x)\,e^{-y}$, $Q = 2e^y$ とおくと
$$P_y = -(1+2x)\,e^{-y}, \qquad Q_x = 0$$
なので，これは完全微分形ではない．しかし①の両辺に e^y をかけると
$$(1+2x)dx + 2e^{2y}dy = 0 \qquad \cdots ①'$$
$P^* = (1+2x)$, $Q^* = 2e^{2y}$ とおくと
$$P_y^* = 0, \qquad Q_x^* = 0$$
となり，①'は完全微分形となる．したがって
$$F_x = 1+2x \qquad \cdots ②, \qquad F_y = 2e^{2y} \qquad \cdots ③$$
となる $F(x, y)$ が存在する．②，③を x, y でそれぞれ積分すると
$$F = x + x^2 + p(y) = e^{2y} + q(x) \qquad \cdots ③'$$
$$p(y) - e^{2y} = q(x) - (x + x^2) = C'$$
$$\therefore \quad p(y) = e^{2y} + C', \qquad q(x) = x + x^2 + C'$$
③'に代入して $\qquad F = x + x^2 + e^{2y} + C'$
ゆえに①'，そして①の一般解は
$$x + x^2 + e^{2y} = C$$
$$y = \frac{1}{2}\log(C - x^2 - x)$$
$(C：任意定数)$【解終】

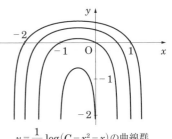

$y = \dfrac{1}{2}\log(C - x^2 - x)$ の曲線群

POINT ▶ 積分因子を用いて，完全微分形に持ち込む

演習 17

$$ydx - xdy = 0 \qquad \cdots ①$$

の積分因子の 1 つが y^{-2} であることを使ってこれを解こう．
また，任意定数に適当な値を入れて一般解の曲線群を描こう． 解答は p.154

❚❚ 解答 ❚❚ $P = {}^{\text{㋐}}\boxed{}$, $Q = {}^{\text{㋑}}\boxed{}$ なので

$\qquad P_y = {}^{\text{㋒}}\boxed{}$, $Q_x = {}^{\text{㋓}}\boxed{}$

ゆえに①は ${}^{\text{㋔}}\boxed{}$ ではない．そこで $y \neq 0$ として①の両辺に y^{-2} をかけると

${}^{\text{㋕}}\boxed{}$ $\cdots①'$

ここで $P^* = {}^{\text{㋖}}\boxed{}$, $Q^* = {}^{\text{㋗}}\boxed{}$ とおくと

$\qquad P_y^* = {}^{\text{㋘}}\boxed{}$, $Q_x^* = {}^{\text{㋙}}\boxed{}$

なので①′は完全微分形．ゆえに

$\qquad F_x = {}^{\text{㋚}}\boxed{}$ $\cdots②$, $F_y = {}^{\text{㋛}}\boxed{}$ $\cdots③$

をみたす $F(x, y)$ が存在する．それぞれ積分して

$\qquad \therefore \quad F(x, y) = {}^{\text{㋜}}\boxed{}$

ゆえに①′の一般解は

任意定数 C にとりあえず
$C = \pm\dfrac{1}{2}, \pm 1, \pm 2$ を入れて
描いてみると……

これは①の一般解でもある．

一般解の曲線群は右図のようになる．

【解終】

$C = 0$ や $C \to \pm\infty$
の場合も
考えてみてください

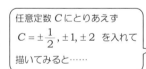

一般解の曲線群

それでは，どのようにして積分因子 $M(x, y)$ を見つけるのだろうか？

求め方の 1 つを次の定理にあげておこう．

定理 1.7.2　　**積分因子の求め方**

微分方程式
$$P(x, y)dx + Q(x, y)dy = 0$$
において

(1)　$\dfrac{P_y - Q_x}{Q} = f(x)$ ：x のみの関数のとき，$e^{\int f(x)\,dx}$ は積分因子

(2)　$\dfrac{P_y - Q_x}{P} = g(y)$ ：y のみの関数のとき，$e^{-\int g(y)\,dy}$ は積分因子

証明　　(1)　$M(x) = e^{\int f(x)\,dx}$ とおいて，微分方程式の両辺に $M(x)$ をかけると
$$M(x)P(x, y)dx + M(x)Q(x, y)dy = 0 \qquad \cdots (\circledast)$$
となるので
$$P^*(x, y) = M(x)P(x, y), \qquad Q^*(x, y) = M(x)Q(x, y)$$
とおいて P_y^* と Q_x^* を計算してみよう．

$$P_y^* = (MP)_y = M_y P + M P_y$$
$$Q_x^* = (MQ)_x = M_x Q + M Q_x$$

$(f \cdot g)' = f' \cdot g + f \cdot g'$

ここで $M = M(x)$ は x のみの関数なので $M_y = 0$．

$$\therefore \quad P_y^* = M P_y$$

一方，

$$M_x = \left\{ e^{\int f(x)\,dx} \right\}' = \left\{ \int f(x)\,dx \right\}' e^{\int f(x)\,dx} = f(x)\, e^{\int f(x)\,dx} = f(x) \cdot M(x)$$

$$\therefore \quad Q_x^* = f \cdot M \cdot Q + M Q_x$$

$f(x)$ をもとに戻して

$$= \frac{P_y - Q_x}{Q} M Q + M Q_x = (P_y - Q_x) M + M Q_x = P_y M$$

したがって，$P_y^* = Q_x^*$ が成立するので $(\circledast)$ は完全微分方程式となり $M(x)$ は積分因子であることがわかる．

(2)も(1)と同様に示される．

【証明終】

Column　よく使われる全微分の公式と積分因子

· $d\,(xy) = y\,dx + x\,dx$

· $d\,(\log xy) = \dfrac{y\,dx + x\,dy}{xy}$

· $d\left(\dfrac{y}{x}\right) = \dfrac{-y\,dx + x\,dy}{x^2}$

· $d\left(\log \dfrac{y}{x}\right) = \dfrac{-y\,dx + x\,dy}{xy}$

· $d\left(\dfrac{x}{y}\right) = \dfrac{y\,dx - x\,dy}{y^2}$

· $d\left(\tan^{-1}\dfrac{y}{x}\right) = \dfrac{-y\,dx + x\,dy}{x^2 + y^2}$

演習 17（p.61）の微分方程式

$$y\,dx - x\,dy = 0 \qquad \cdots (♭)$$

は

これらはよく使われる全微分の式です

$$P(x,y) = y, \qquad Q(x,y) = -x$$
$$P_y(x,y) = 1, \qquad Q_x(x,y) = -1$$

なので完全微分方程式ではありません.

　ここで上の全微分の式を見てください. $d\left(\dfrac{x}{y}\right)$ の分子に（♭）の左辺が現れています. そこで（♭）の両辺に $\dfrac{1}{y^2}$ をかけると

$$\dfrac{y\,dx - x\,dy}{y^2} = 0, \qquad d\left(\dfrac{x}{y}\right) = 0, \qquad \dfrac{x}{y} = C \qquad (C：任意定数)$$

と（♭）の一般解が求まります. つまり $\dfrac{1}{y^2}\,(=y^{-2})$ は（♭）の積分因子です.

　積分因子は 1 つとは限らず，上記の全微分の式を見れば

$$-\dfrac{1}{x^2}, \quad -\dfrac{1}{xy}, \quad -\dfrac{1}{x^2 + y^2}$$

もすべて（♭）の積分因子であることがすぐにわかります.

　このように，比較的よく出てくる全微分の式を参照するのも積分因子を見つける 1 つの方法です.

例題

積分因子を求めて, 次の微分方程式を解こう.
$$y\,dx + (y^2\cos y - x)\,dy = 0 \qquad \cdots ①$$

∷解答∷　$P = y$,　　$Q = y^2\cos y - x$

とおくと

$$P_y = 1, \qquad Q_x = -1$$

なので完全微分方程式ではない.

そこで積分因子を求めよう.

$$\frac{P_y - Q_x}{P} = \frac{1 - (-1)}{y} = \frac{2}{y} = g(y)：y \text{ のみの関数}$$

なので, 定理 1.7.2(2)(p.62)より

$$M(y) = e^{-\int g(y)\,dy} = e^{-\int \frac{2}{y}\,dy} = e^{-2\log|y|} = e^{\log y^{-2}} = y^{-2}$$

積分因子 M

$$\frac{P_y - Q_x}{Q} = f(x) \ \rightarrow\ M = e^{\int f(x)\,dx}$$

$$\frac{P_y - Q_x}{P} = g(y) \ \rightarrow\ M = e^{-\int g(y)\,dy}$$

$\dfrac{P_y - Q_x}{Q}$ は
x のみの関数には
なりませんね

が積分因子となる. $y \neq 0$ として①の両辺に $M(y) = y^{-2}$ をかけると

$$y^{-1}dx + (\cos y - xy^{-2})\,dy = 0 \qquad \cdots ②$$

これは完全微分形となっているので

$$P^* = y^{-1}, \qquad Q^* = \cos y - xy^{-2}$$

とおくと

$$F_x = y^{-1}, \qquad F_y = \cos y - xy^{-2}$$

$e^{\log a} = a$

となる $F(x, y)$ が存在する. これらをそれぞれ
x と y で積分して $F(x, y)$ を求める.

$$F = xy^{-1} + p(y),$$
$$F = \sin y + xy^{-1} + q(x) \quad \text{より},$$
$$xy^{-1} + p(y) = \sin y + xy^{-1} + q(x)$$
$$q(x) = p(y) - \sin y = C'$$
$$\therefore \ F = \sin y + xy^{-1} + C'$$

ゆえに一般解は

$$\sin y + xy^{-1} = C \qquad (C：任意定数)$$

【解終】

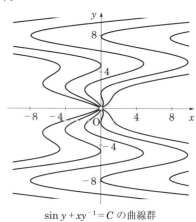

$\sin y + xy^{-1} = C$ の曲線群

POINT 積分因子の求め方（p.62 定理 1.7.2）から得た積分因子を用いて，完全微分形に持ち込む

演習 18

積分因子を求めて次の微分方程式を解こう.

$$(x^2-3y^2)\,dx+2xy\,dy=0 \qquad \cdots ①$$

解答は p.154

解答 $P=$ ㋐［　　］，$Q=$ ㋑［　　］とおくと

$P_y=$ ㋒［　　］，　$Q_x=$ ㋓［　　］

なので完全微分形ではない.

そこで積分因子 M を求める.

先に P_y-Q_x を
求めておくと
M を見つけやすい
でしょう

㋔［　　］

①の両辺に M をかけると

㋕［　　］　　$\cdots ②$

これは完全微分形なので，左辺が全微分となっている $F(x,\,y)$ を求めると

㋖［　　］

ゆえに一般解は

㋗［　　］

【解終】

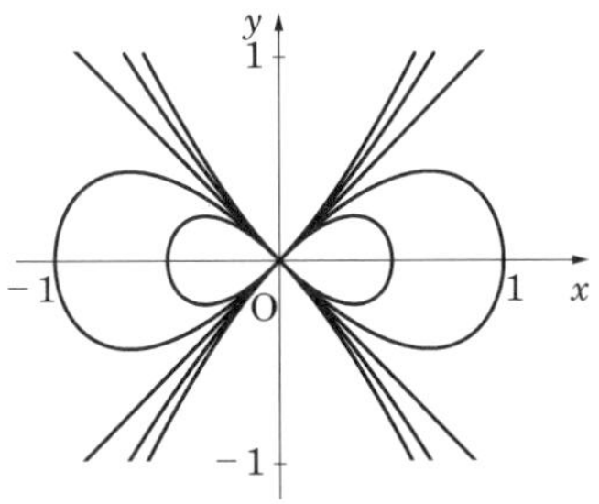
y
1
−1
1
x
O
−1
一般解の曲線群

1 階高次微分方程式

y' について n 次である

$$(y')^n + P_1(x, y)(y')^{n-1} + \cdots + P_{n-1}(x, y)y' + P_n(x, y) = 0$$

の形の微分方程式を **1 階高次微分方程式**という.

この方程式は, $y' = p$ とおいて次の形に書くこともできる.

$$p^n + P_1(x, y)p^{n-1} + \cdots + P_{n-1}(x, y)p + P_n(x, y) = 0 \qquad \cdots (*)$$

ここでは, この形の 2 種類の微分方程式の解き方を紹介しよう.

1 $p = y'$ の 1 次式に因数分解できる場合

微分方程式 $(*)$ が, 次のように p の 1 次式に因数分解できる場合を考えよう.

$$\{p - f_1(x, y)\}\{p - f_2(x, y)\} \cdots \{p - f_n(x, y)\} = 0 \qquad \cdots (**)$$

この式より, 次の式の少なくとも 1 つは成り立つ.

$$p - f_1(x, y) = 0, \quad p - f_2(x, y) = 0, \quad \cdots, \quad p - f_n(x, y) = 0$$

$p = y'$ なので

$$y' = f_1(x, y), \ y' = f_2(x, y), \quad \cdots, \quad y' = f_n(x, y)$$

これらは 1 階 1 次の微分方程式である. 一般解をそれぞれ

$$F_1(x, y, C_1) = 0, \quad F_2(x, y, C_2) = 0, \quad \cdots, \quad F_n(x, y, C_n) = 0$$

$$(C_1, C_2, \cdots, C_n：任意定数)$$

とおこう. ここに現れる任意定数 $C_1, \cdots, C_n$ はお互いに関係なくバラバラに任意の値をとれるのだが, 任意定数として同じ C を使い

$$F_1(x, y, C) = 0, \quad F_2(x, y, C) = 0, \quad \cdots, \quad F_n(x, y, C) = 0$$

$$(C：任意定数)$$

として良い. なぜなら, それぞれの式で C は任意の値をとれるからである.

そして, これらの式の少なくとも 1 つは成り立つので

$$F_1(x, y, C)F_2(x, y, C) \cdots F_n(x, y, C) = 0 \qquad (C：任意定数)$$

が成立する. これが $(**)$ の一般解となる.

【y' の 1 次式に因数分解できる微分方程式の解き方】

手順 1. 方程式を因数分解する.
$$\{p - f_1(x, y)\}\{p - f_2(x, y)\} \cdots \{p - f_n(x, y)\} = 0 \qquad (p = y')$$

手順 2. 因数分解した式より,次の少なくとも 1 つが成立する.
$$p - f_1(x, y) = 0, \quad p - f_2(x, y) = 0, \quad \cdots, \quad p - f_n(x, y) = 0$$

手順 3. それぞれの一般解を求める.
$$F_1(x, y, C) = 0, \quad F_2(x, y, C) = 0, \quad \cdots, \quad F_n(x, y, C) = 0$$

手順 4. 求める一般解は
$$F_1(x, y, C) F_2(x, y, C) \cdots F_n(x, y, C) = 0 \qquad (C:任意定数)$$

Column   差分方程式

　銀行にお金を預けたとき,1 年,2 年,3 年,…が過ぎたらどの位の金額になるのか気になりますよね.

　t を整数または実数をとる独立変数とし,t の関数 $f(t)$ を考えます.t が 1 だけ変化したときの関数の変化

$$f(t+1) - f(t)$$

を $f(t)$ の 1 階差分といいます.微分では極限の概念を使いますが差分では使いません.でも微分と差分の演算の間には色々な類似点があります.そして $f(t)$ と $f(t+1)$ の間の関係式を 1 階**差分方程式**というのです.例えば,年利 i の複利で A 円預けたとき t 年後の元利合計を $f(t)$ とおくと,1 階差分方程式

$$f(t+1) - f(t) = if(t), \qquad f(0) = A$$

が得られます.この解は

$$f(t) = A(1+i)^t$$

となります.

　差分方程式の解法にも微分方程式の解法との類似点が多く見られます.

y' の１次式に因数分解できる微分方程式

例題

次の微分方程式を解こう.
$$p^2 - (2x+y)\,p + 2xy = 0 \qquad (p = y')$$

∷解答∷ **手順1.** 因数分解しよう.

$$(p - 2x)(p - y) = 0$$

手順2. 上の式より

$$p - 2x = 0 \quad \text{または} \quad p - y = 0$$

手順3. それぞれを解こう.

・$p - 2x = 0$ のとき $y' = 2x$（直接積分形）.

両辺を x で積分すると

$$y = \int 2x\,dx = x^2 + C \qquad \therefore \quad y = x^2 + C$$

・$p - y = 0$ のとき $y' = y$.

$y \neq 0$ のとき

$$\frac{1}{y}\frac{dy}{dx} = 1 \qquad \text{（変数分離形）}$$

両辺を x で積分すると

$$\int \frac{1}{y}\,dy = \int dx, \qquad \log|y| = x + C$$

任意定数をおき直して変形すると

$$y = Ce^x$$

$y = 0$ も解となるが，$C = 0$ とすれば上
の解に含まれる.

手順4. 手順3より

$$y - x^2 - C = 0 \quad \text{または} \quad y - Ce^x = 0$$

ゆえに一般解は

$$(y - x^2 - C)(y - Ce^x) = 0$$

$$(C：任意定数)$$

【解終】

因数分解をすると
いろいろな微分方程式が
出てきますよ

$$\int \frac{1}{x}\,dx = \log|x| + C$$

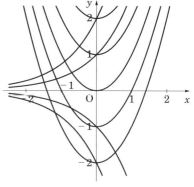

$y = x^2 + C$ と $y = Ce^x$ の曲線群

POINT y' の 1 次式に因数分解して，それぞれの微分方程式の解を求める

演習 19

次の微分方程式を解こう．

$$p^2 + yp - x(x+y) = 0 \qquad (p = y')$$

また任意定数に適当な値を入れて一般解の曲線群を描こう．　解答は p.154

解答　手順 1．因数分解すると

㋐

手順 2．上式より

$p - x = 0$　または　㋑

手順 3．はじめの微分方程式を解くと

㋒

次に㋑を解くと

㋓

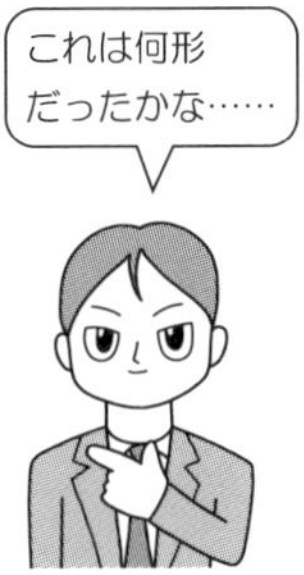
これは何形
だったかな……

手順 4．これらより求める一般解は

㋔

最後に㋒で求めた一般解の曲線群を右図に追加すると㋔の一般解の曲線群が描ける．

【解終】

㋕

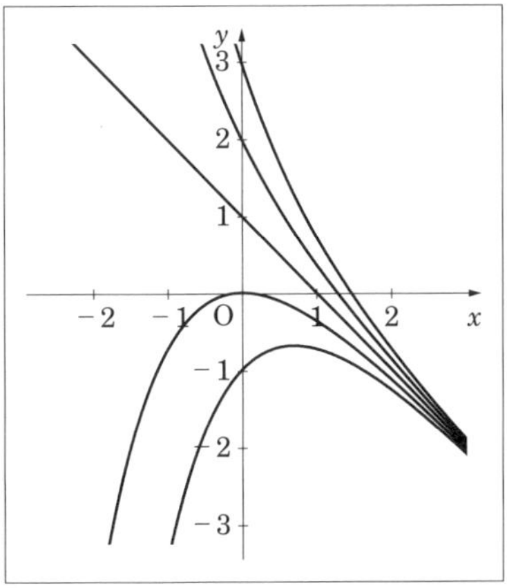
y
3
2
1
−2
−1
O
1
2
x
−1
−2
−3

一般解の曲線群

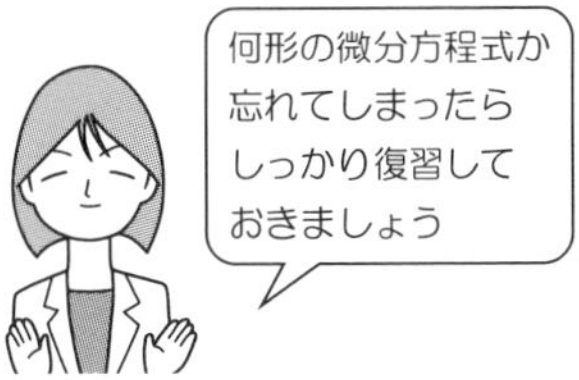
何形の微分方程式か
忘れてしまったら
しっかり復習して
おきましょう

② クレローの方程式

$y' = p$ とおくとき

$$y = px + f(p) \qquad \cdots (☆)$$

の形になる微分方程式を**クレローの方程式**という.

この方程式を解くには，次のようにする.

まず (☆) の両辺を x で微分すると

$$
\begin{aligned}
y' &= \{px + f(p)\}' \\
&= (px)' + \{f(p)\}' \\
&= (p'x + px') + f'(p)p' \\
&= p'x + p + f'(p)p'
\end{aligned}
$$

ここで $y' = p$ なので

$$p = p'x + p + f'(p)p'$$

となる．変形すると

$$p'\{x + f'(p)\} = 0$$

したがって

$$p' = 0 \quad \text{または} \quad x + f'(p) = 0$$

はじめに $p' = 0$ のとき，両辺を x で積分すると

$$p = C \qquad (C：任意定数)$$

これをもとの方程式 (☆) に代入して

$$y = Cx + f(C) \qquad (C：任意定数)$$

これは任意定数を 1 つ含んでいるので (☆) の**一般解**である.

次に $x + f'(p) = 0$ のとき，もとの方程式と連立させると

$$
\begin{cases}
y = px + f(p) \\
x + f'(p) = 0
\end{cases}
$$

これは p をパラメータ（媒介変数）とする x と y の関係式である．したがって，これより p を消去したものが解である．しかし，この解は任意定数を含まず，しかも先に求めた一般解の C に，どんな値を代入しても得ることはできない.

このように，一般解に含まれない解が存在するとき，これを**特異解**という．実はこの特異解は，一般解のすべての曲線（曲線群）に接する曲線（**包絡線**）となっている（次頁の図参照）.

積の微分 $\quad (f \cdot g)' = f' \cdot g + f \cdot g'$

合成関数の微分 $\dfrac{dy}{dx} = \dfrac{dy}{du} \dfrac{du}{dx}$

解き方が今までとかなり異なります

【クレローの方程式 $y = px + f(p)$ の解き方】

手順1. 標準形に直す.

$$y = px + f(p) \qquad (p = y') \qquad \cdots (☆) \text{ 標準形}$$

手順2. 両辺を x で微分して式を整える.

$$p'\{x + f'(p)\} = 0$$

手順3. 上式より

$$p' = 0 \quad \text{または} \quad x + f'(p) = 0$$

手順4. $p' = 0$ のとき, 積分して $p = C$.

(☆)に代入して一般解を求める.

$$y = Cx + f(C) \qquad (C : \text{任意定数})$$

手順5. $x + f'(p) = 0$ のときは(☆)と連立させる.

$$\begin{cases} y = px + f(p) \\ x + f'(p) = 0 \end{cases}$$

これらより p を容易に消去できる場合には, x と y の関係式に直して特異解とする. また, p を容易に消去できない場合には, そのままパラメータ表示の関数の形で特異解とする.

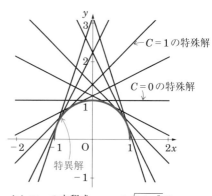

・一般解
・特殊解
・特異解
3種類の解のグラフです

今までの解とちょっと違います

クレローの方程式 $y = px + \sqrt{1 + p^2}$ の
一般解 $y = Cx + \sqrt{1 + C^2}$ の曲線群と,
特異解 $y = \sqrt{1 - x^2}$

クレローの方程式

例題

> 次のクレローの方程式を解こう.
> $$y = px - p^2 \qquad (p = y')$$

❖❖ 解答 ❖❖ **手順 1.** すでに標準形なのでこのままでよい.

手順 2. 両辺を x で微分すると

$$y' = (px - p^2)'$$
$$= (px)' - (p^2)'$$
$$= p'x + p - 2pp'$$

$y' = p$ なので

$$p = p'x + p - 2pp', \qquad \therefore \quad p'(x - 2p) = 0$$

手順 3. 上式より $p' = 0$ または $x - 2p = 0$.

手順 4. $p' = 0$ のとき

両辺を x で積分して $p = C$.

もとの方程式に代入して

$$y = Cx - C^2 \qquad (C : 任意定数)$$

これが一般解.

手順 5. $x - 2p = 0$ のとき

もとの方程式と連立させて

$$\begin{cases} y = px - p^2 & \cdots ① \\ x - 2p = 0 & \cdots ② \end{cases}$$

これらより p を消去する.

②より $p = \dfrac{1}{2}x$.

これを①に代入すると

$$y = \frac{1}{2}x^2 - \frac{1}{4}x^2 = \frac{1}{4}x^2$$

ゆえに特異解は

$$y = \frac{1}{4}x^2 \qquad \text{【解終】}$$

p は x の関数,
$(px)'$ は積の微分
なので気をつけましょう

$$(px)' = p'x + px' = p'x + p \cdot 1 = p'x + p$$

$$(p^2)' = \frac{d(p^2)}{dx} = \frac{d(p^2)}{dp} \cdot \frac{dp}{dx} = 2p \cdot p'$$

$$p = y' = \frac{dy}{dx}$$

$$p' = y'' = \frac{d^2y}{dx^2}$$

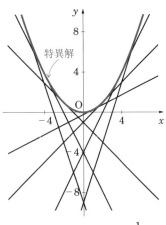

特異解

$y = Cx - C^2$ の曲線群と $y = \dfrac{1}{4}x^2$

POINT 両辺を x で微分して $p'\{x+f(p)\}=0$ とし，$p'=0$ または $x+f(p)=0$ から解を求める

演習 20

次のクレローの方程式を解こう．

$$y=px-\log p \qquad (p=y')$$

解答は p.155

解答 手順 1．標準形なので，このままでよい．

手順 2．両辺を x で微分して整理すると

[ア] ＿＿＿＿

$(\log x)'=\dfrac{1}{x}$

手順 3．上式より

[イ] ＿＿＿＿ または [ウ] ＿＿＿＿

手順 4．[イ]の場合

両辺を x で積分すると [エ] ＿＿＿＿．

これをもとの方程式に代入すると次のように [オ] ＿＿＿＿ 解が求まる．

[カ] ＿＿＿＿

手順 5．[ウ]の場合

もとの方程式と連立させると

[キ] ＿＿＿＿

$\log\dfrac{1}{a}=\log a^{-1}=-\log a$

これらより p を消去すると

[ク] ＿＿＿＿

これは [ケ] ＿＿＿＿ 解である． 【解終】

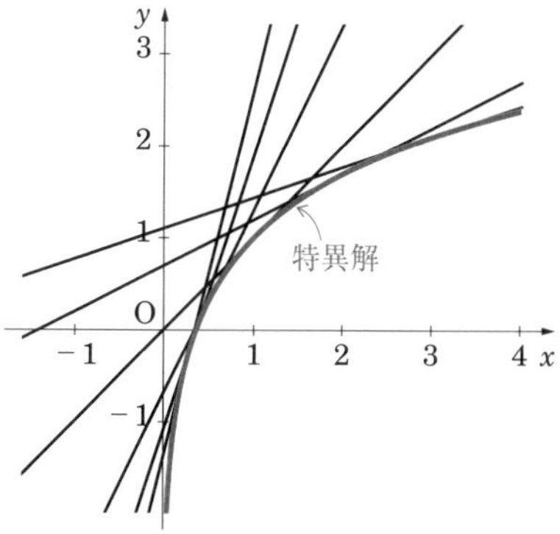

一般解の曲線群と特異解

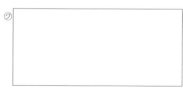

問1　次の微分方程式を解きなさい.

(1)　$y' = 1 + \dfrac{1}{x-y}$

(2)　$x^2 y' + y = 0$

(3)　$2xy' = x^2 + y \quad (x > 0)$

(4)　$\dfrac{dy}{dx} = \cos x + 1$

(5)　$y' = \dfrac{x^2 + y^2}{xy}$

(6)　$(x^2 + 1) y' = x$

(7)　$y' + \dfrac{1}{x} y = \dfrac{\log x}{x}$

(8)　$\dfrac{dy}{dx} = \dfrac{1+x}{1-y}$

(9)　$(x^2 + y)\, dx + (y^2 + x)\, dy = 0$

(10)　$(x^2 - y^2)\, dx + 2xy\, dy = 0$

(11)　$\dfrac{dy}{dx} = \dfrac{x-y}{x+y}$

(12)　$y = px + \dfrac{1}{p} \quad (p = y')$

(13)　$3y' + y = (1 - 2x) y^4$

(14)　$(y')^2 = y^2$

(15)　$x^2 p^2 + xyp - 6y^2 = 0 \quad (p = y')$

(16)　$yy' = 2y + 3x$

(17)　$y' + y \sin x = y^2 \sin x$

(18)　$y = px + \sqrt{1 + p^2} \quad (p = y')$

$\boxed{1}$　直接積分形　　　$y' = f(x)$

$\boxed{2}$　変数分離形　　　$g(y)y' = f(x)$

$\boxed{3}$　$y' = f(\alpha x + \beta y + \gamma)$ の形

$\boxed{4}$　同次形　　　$y' = f\left(\dfrac{y}{x}\right)$

$\boxed{5}$　1階線形微分方程式　　　$y' + P(x)y = Q(x)$

$\boxed{6}$　ベルヌーイの方程式　　　$y' + R(x)y = S(x)y^k \quad (k \neq 0,\, 1)$

$\boxed{7}$　完全微分方程式　　　$P(x, y)\, dx + Q(x, y)\, dy = 0 \quad \left(\dfrac{\partial P}{\partial y} = \dfrac{\partial Q}{\partial x}\right)$

$\boxed{8}$　積分因子を求めて完全微分方程式に

$\boxed{9}$　因数分解できる形　　　$\{p - f_1(x, y)\} \cdots \{p - f_n(x, y)\} = 0 \quad (p = y')$

$\boxed{10}$　クレローの方程式　　　$y = px + f(p) \quad (p = y')$

第1章では
これだけ学びました

線形微分方程式

線形代数からの準備

　線形微分方程式を解くことは線形空間（ベクトル空間）と非常に密接にかかわり合っている．そこでこの章で使う線形空間に関する主な定義と定理を確認しておこう．

【1】　線形空間

● 線形空間の定義 ●

集合 V が次の"和の公理"及び"スカラー倍の公理"をみたすとき，V を

$$実数体上の線形空間 \quad または \quad ベクトル空間$$

という．

Ⅰ．和の公理

　V の任意の 2 つの元 x, y に対して和 $x+y$ が定義され，次の性質をみたす．

$\quad$ Ⅰ$_1$ $\quad (x+y)+z=x+(y+z)$ $\qquad$（結合法則）

$\quad$ Ⅰ$_2$ $\qquad x+y=y+x$ $\qquad\qquad$（交換法則）

$\quad$ Ⅰ$_3$ $\quad$ **零元**と呼ばれる特別な元 0 がただ 1 つ存在し，すべての V の

$\qquad$ 元 x に対して $\quad 0+x=x+0=x$ $\quad$ が成り立つ．

$\quad$ Ⅰ$_4$ $\quad V$ のどの元 x についても x に関係するただ 1 つの元 x' が定まり

$\qquad x+x'=x'+x=0$ $\quad$ が成り立つ．

$\qquad$ この x' を x の和に関する**逆元**といい，$-x$ で表す．

Ⅱ．スカラー倍の公理

　V の任意の元 x と任意の実数 k に対し，スカラー倍 kx が定義され，次の性質をみたす．

$\quad$ Ⅱ$_1$ $\quad k(x+y)=kx+ky$

$\quad$ Ⅱ$_2$ $\quad (k+\ell)x=kx+\ell x$

$\quad$ Ⅱ$_3$ $\quad (k\ell)x=k(\ell x)$

$\quad$ Ⅱ$_4$ $\quad 1x=x$ $\hfill$（k, ℓ は任意の実数）

● 線形独立の定義 ●

V の元の組 $\boldsymbol{a}_1, \boldsymbol{a}_2, \cdots, \boldsymbol{a}_k$ について

$$c_1\boldsymbol{a}_1 + c_2\boldsymbol{a}_2 + \cdots + c_k\boldsymbol{a}_k = \boldsymbol{0} \quad \text{ならば必ず} \quad c_1 = c_2 = \cdots = c_k = 0$$

が成り立つとき，$\boldsymbol{a}_1, \boldsymbol{a}_2, \cdots, \boldsymbol{a}_k$ は**線形独立**または **1 次独立**であるという．

● 線形従属の定義 ●

V の元の組 $\boldsymbol{a}_1, \boldsymbol{a}_2, \cdots, \boldsymbol{a}_k$ が線形独立でないとき，つまり

$$c_1\boldsymbol{a}_1 + c_2\boldsymbol{a}_2 + \cdots + c_k\boldsymbol{a}_k = \boldsymbol{0}$$

（$c_1, c_2, \cdots, c_k$ の少なくとも 1 つは 0 でない）

が成り立つとき，$\boldsymbol{a}_1, \boldsymbol{a}_2, \cdots, \boldsymbol{a}_k$ は**線形従属**または **1 次従属**であるという．

● 基底と次元の定義 ●

線形空間 V の元の組 $\{\boldsymbol{u}_1, \cdots, \boldsymbol{u}_n\}$ が次の性質をみたしているとき，

$\{\boldsymbol{u}_1, \cdots, \boldsymbol{u}_n\}$ を V の**基底**という．また，n を V の**次元**といい，$\dim V = n$ とかく．

(1) $\boldsymbol{u}_1, \cdots, \boldsymbol{u}_n$ は線形独立．

(2) V の任意の元 $\boldsymbol{x}$ は $\boldsymbol{u}_1, \cdots, \boldsymbol{u}_n$ の線形結合

$$\boldsymbol{x} = x_1\boldsymbol{u}_1 + \cdots + x_n\boldsymbol{u}_n \qquad (x_1, \cdots, x_n \text{ は実数})$$

とただ一通りに表せる．

ただし，$\dim \{\boldsymbol{0}\} = 0$ とする．

線形空間 V は
 2 次元平面上のベクトル全体
 3 次元空間上のベクトル全体
などをイメージすればよいですが，
関数の集合や数列の集合なども
「和の公理」と「スカラー倍の公理」
をみたします

これから勉強する
線形微分方程式では
解の関数からなる集合が
対象となります

集合の要素は
"元" とも
よばれましたね

【2】 連立 1 次方程式

未知数の数と式の数が同じ連立 1 次方程式

$$(☆)\begin{cases} a_{11}x_1 + a_{12}x_2 + \cdots + a_{1n}x_n = b_1 \\ \quad\vdots \qquad\qquad\qquad \vdots \quad\ \ \vdots \\ a_{n1}x_1 + a_{n2}x_2 + \cdots + a_{nn}x_n = b_n \end{cases}$$

については次の 2 つの定理を使うので思い出しておこう．ただし A は係数行列

$$A = \begin{pmatrix} a_{11} & \cdots & a_{1n} \\ \vdots & & \vdots \\ a_{n1} & \cdots & a_{nn} \end{pmatrix}$$

とする．

$|A|$ は A の行列式です

定理 2.0.1 　クラメールの公式

連立 1 次方程式（☆）は $|A| \neq 0$ ならば，次のただ 1 組の解をもつ．

$$x_1 = \frac{|A_1|}{|A|}, \quad x_2 = \frac{|A_2|}{|A|}, \quad \cdots, \quad x_n = \frac{|A_n|}{|A|}$$

ただし

第 j 列
↓

$$|A_j| = \begin{vmatrix} a_{11} & \cdots & b_1 & \cdots & a_{1n} \\ \vdots & & \vdots & & \vdots \\ a_{n1} & \cdots & b_n & \cdots & a_{nn} \end{vmatrix} \qquad (j = 1, 2, \cdots, n)$$

定理 2.0.2 　自明でない解をもつための必要十分条件

$b_1 = b_2 = \cdots = b_n = 0$ のとき，連立 1 次方程式（☆）の係数行列 A と解には次の同値関係がある．

$$|A| = 0 \quad \Leftrightarrow \quad (☆) は自明でない解をもつ$$

$b_1 = b_2 = \cdots = b_n = 0$
のときの連立 1 次方程式（☆）を
同次連立 1 次方程式といいます

この方程式は必ず
$x_1 = x_2 = \cdots = x_n = 0$
という解をもちますが
これを自明な解といいます

【3】 行列の対角化

ここでは，連立線形微分方程式（p.132 §2.5）を解くときに使われる行列の対角化について，復習と確認を行おう.

  V を実数体上の n 次元線形空間

  A を実数成分の n 次正方行列

としておく.

  はじめは固有値と固有ベクトルについての定義と定理である.

・ 固有値，固有ベクトルの定義 ・

n 次元線形空間 V と n 次正方行列 A について

  $$A\boldsymbol{v} = \lambda\boldsymbol{v}$$

となる V のベクトル $\boldsymbol{v}$ と実数 λ が存在するとき，λ を A の**固有値**，$\boldsymbol{v}$ を固有値 λ に属する**固有ベクトル**という.

定理 2.0.3　固有値であるための必要十分条件

次の同値関係が成立する.

  $$\lambda \text{ は } A \text{ の固有値} \quad \Leftrightarrow \quad |\lambda E - A| = 0$$
  $$(\lambda：実数)$$

行列 A について
  $$A\boldsymbol{v} = \lambda\boldsymbol{v}$$
という特別な関係を
もっているのが
  固有値 λ
  固有ベクトル $\boldsymbol{v}$
です

・ 固有方程式の定義 ・

A の固有値を求めるための n 次方程式

  $$|xE - A| = 0$$

を A の**固有方程式**という.

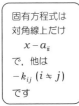

固有方程式は
対角線上だけ
  $x - a_{ii}$
で，他は
  $-k_{ij}\ (i \neq j)$
です

n 次単位行列

$$E = \begin{pmatrix} 1 & 0 & \cdots & 0 \\ 0 & 1 & \cdots & 0 \\ \vdots & \vdots & \ddots & \vdots \\ 0 & 0 & \cdots & 1 \end{pmatrix}$$

固有方程式

$$|xE - A| = \begin{vmatrix} x - a_{11} & -a_{12} & \cdots & -a_{1n} \\ -a_{21} & x - a_{22} & \cdots & -a_{2n} \\ \vdots & \vdots & \ddots & \vdots \\ -a_{n1} & -a_{n2} & \cdots & x - a_{nn} \end{vmatrix} = 0$$

次は固有値と固有ベクトルを使った行列の対角化についてである.

● 対角化の定義 ●

n 次正方行列 A について，ある n 次正則行列 P が存在して

$P^{-1}AP$ が対角行列

となるとき，A は **対角化可能** であるといい，行列 A に対して，正則行列 P を見つけて $P^{-1}AP$ を対角行列にすることを A の **対角化** という.

対角行列

対角行列とは
左のような行列です.
すべての正方行列が
対角化可能という
わけではありません.

正則行列 P とは
$|P| \neq 0$
の正方行列です.

定理 2.0.4　　対角化可能であるための十分条件

n 次正方行列 A が n 個の相異なる固有値をもつとき，対角化可能である.

上記定理の条件をみたす行列について，対角化の手順を次にかいておく.

《対角化の手順》(A が相異なる n 個の固有値をもつ場合)

手順❶　A の固有値 $\lambda_1, \cdots, \lambda_n$ を求める.

手順❷　$\lambda_1, \cdots, \lambda_n$ に属する固有ベクトル

$$\boldsymbol{v}_1, \cdots, \boldsymbol{v}_n$$

をそれぞれ 1 つずつ求める.

手順❸　$P = (\boldsymbol{v}_1, \cdots, \boldsymbol{v}_n)$ とおくと

$$P^{-1}AP = \begin{pmatrix} \lambda_1 & & \boldsymbol{0} \\ & \ddots & \\ \boldsymbol{0} & & \lambda_n \end{pmatrix}$$

手順❶	固有値	λ_1	$\cdots$	λ_n
手順❷	固有ベクトル	$\boldsymbol{v}_1$	$\cdots$	$\boldsymbol{v}_n$
手順❸	正則行列 P	$(\boldsymbol{v}_1, \cdots, \boldsymbol{v}_n)$		
	対角化 $P^{-1}AP$	$\begin{pmatrix} \lambda_1 & & \boldsymbol{0} \\ & \ddots & \\ \boldsymbol{0} & & \lambda_n \end{pmatrix}$		

線形微分方程式の解

それでは線形微分方程式の勉強を始めよう.

$P_1(x),\ P_2(x),\ \cdots,\ P_n(x),\ Q(x)$ を x の関数とするとき

$$y^{(n)} + P_1(x)\,y^{(n-1)} + \cdots + P_{n-1}(x)\,y' + P_n(x)\,y = Q(x) \qquad \cdots (*)$$

を **n 階線形微分方程式**という.

（ $*$ ）の右辺 $Q(x)$ が，常に値が 0 である**零関数** $O(x)$ のとき，つまり

$$y^{(n)} + P_1(x)\,y^{(n-1)} + \cdots + P_{n-1}(x)\,y' + P_n(x)\,y = O(x) \qquad \cdots (**)$$

を**同次線形微分方程式**という. これに対し $Q(x) \neq O(x)$ のとき（ $*$ ）を**非同次線形微分方程式**という.（以後，混乱の恐れがないときは，零関数 $O(x)$ を単に 0 とかく.）

方程式の解の存在については，次の定理が成り立っている.

定理 2.1.1 　解の存在と一意性

方程式（ $*$ ）において，$P_1(x),\ \cdots,\ P_n(x),\ Q(x)$ が a を含むある区間 I で連続であるとき，$x = a$ における条件

$$y(a) = b_0, \quad y'(a) = b_1, \quad \cdots, \quad y^{(n-1)}(a) = b_{n-1}$$

をみたす線形微分方程式（ $*$ ）の解が区間 I においてただ 1 つ存在する.

 本書での証明は困難なので省略する.

初期条件の $b_0,\ \cdots,\ b_{n-1}$ は任意の実数でよい. この定理により，線形微分方程式を安心して解き始めることができるし，また求まった解以外にはもう解が存在しないことも保証される.

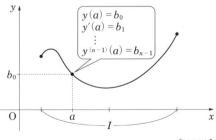

【解説終】

上の定理を認めた上で，次は解の構造について調べ，その解き方を学ぼう. 以後すべて，独立変数 x はある区間 I において考えることにする.

同次線形微分方程式

【1】 同次線形微分方程式の解の構造

ここでは同次線形微分方程式（略して同次方程式という場合もある）

$$y^{(n)} + P_1(x)y^{(n-1)} + \cdots + P_{n-1}(x)y' + P_n(x)y = 0 \qquad \cdots (**)$$

の解全体の集合について調べよう.

定理 2.2.1

同次線形微分方程式（$**$）の解全体の集合は，実数体上の線形空間になる.

 解説 同次方程式（$**$）の解である関数全部を集めてVとすると，Vは線形空間になることがわかる．Vのベクトル（要素）は関数である.

証明は煩雑さを避けるため, $n = 2$の場合を行おう. 一般の場合もまったく同様に証明できる. 　【解説終】

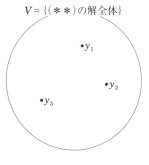

$V = \{(**)\text{の解全体}\}$

$\bullet y_1$

$\bullet y_2$

$\bullet y_3$

証明 $n = 2$の場合，同次方程式（$**$）は次のようになる.

$$y'' + P_1(x)y' + P_2(x)y = 0 \qquad \cdots \binom{*}{*}$$

この微分方程式の解となる関数を全部集めた集合をVとする. つまり

$$V = \{y \mid y'' + P_1(x)y' + P_2(x)y = 0\}$$

とおく. このVが線形空間になることを示そう. それには線形空間の定義をみたしていることを示せばよい（p.76 参照）.

Ⅰ. ［和の公理］

Vの元y_1, y_2に対して和$y_1 + y_2$がまたVの元かどうか調べよう.

まずy_1, y_2はVの元なのでそれぞれ方程式$\binom{*}{*}$をみたしている.

$$y_1'' + P_1(x)y_1' + P_2(x)y_1 = 0$$
$$y_2'' + P_1(x)y_2' + P_2(x)y_2 = 0$$

$y_1 + y_2$ について $\begin{pmatrix} * \\ * \end{pmatrix}$ をみたすかどうか調べると，微分の法則を用いて

$$(y_1 + y_2)'' + P_1(x)(y_1 + y_2)' + P_2(x)(y_1 + y_2)$$
$$= (y_1'' + y_2'') + P_1(x)(y_1' + y_2') + P_2(x)(y_1 + y_2)$$
$$= \{y_1'' + P_1(x)y_1' + P_2(x)y_1\} + \{y_2'' + P_1(x)y_2' + P_2(x)y_2\}$$
$$= 0 + 0 = 0$$

ゆえに確かに $y_1 + y_2$ は V の元なので，和 $y_1 + y_2$ が V の中で定義される．そして $\mathrm{I}_1 \sim \mathrm{I}_4$ も関数の性質から容易に示される．

Ⅱ．[スカラー倍の公理]

V の元 y と任意の実数 k に対して，スカラー倍 ky が V の元になるか調べよう．

まず y は V の元なので $\begin{pmatrix} * \\ * \end{pmatrix}$ をみたしている．

$$y'' + P_1(x)y' + P_2(x)y = 0$$

ky も $\begin{pmatrix} * \\ * \end{pmatrix}$ をみたすかどうか調べると，微分の法則を用いて

$$(ky)'' + P_1(x)(ky)' + P_2(x)(ky)$$
$$= (ky'') + P_1(x)(ky') + P_2(x)(ky)$$
$$= k\{y'' + P_1(x)y' + P_2(x)y\}$$
$$= k \cdot 0 = 0$$

ゆえに ky も V の元なので，スカラー倍 ky が V の中で定義される．そして $\mathrm{Ⅱ}_1 \sim \mathrm{Ⅱ}_4$ は関数の性質より容易に示される．

したがって V は実数体上の線形空間になることがわかる． 【証明終】

$$V = \{y \mid y'' + P_1(x)y' + P_2(x)y = 0\}$$

これで同次方程式
$$y^{(n)} + P_1(x)y^{(n-1)} + \cdots + P_{n-1}(x)y' + P_n(x)y = 0 \qquad \cdots (**)$$
の解全体の集合
$$V = \{y \,|\, y^{(n)} + P_1(x)y^{(n-1)} + \cdots + P_{n-1}(x)y' + P_n(x)y = 0\}$$
は線形空間になることがわかったので，線形空間のいろいろな性質や構造がそのまま V にもあてはまることになる．

それでは線形独立，線形従属の定義を関数の言葉におきかえておこう．いずれも x のある区間で考えるものとする．

● 線形独立の定義 ●

k 個の関数 $y_1, \cdots, y_k$ と実数 $a_1, \cdots, a_k$ について
$$a_1 y_1 + a_2 y_2 + \cdots + a_k y_k = O(x) \quad \text{ならば} \quad a_1 = a_2 = \cdots = a_k = 0$$
が成り立つとき $y_1, \cdots, y_k$ は**線形独立**または **1 次独立**であるという．

● 線形従属の定義 ●

k 個の関数 $y_1, \cdots, y_k$ について，これらが線形独立でないとき，つまり少なくとも 1 つは 0 でない実数 $a_1, \cdots, a_k$ について
$$a_1 y_1 + a_2 y_2 + \cdots + a_k y_k = O(x)$$
が成り立つとき $y_1, \cdots, y_k$ は**線形従属**または **1 次従属**であるという．

2次元の平面ベクトル空間では
平行な2つのベクトル
　　　…… 線形従属
平行でない2つのベクトル
　　　…… 線形独立
となります

線形従属　　　線形独立

独立はあっちこっちを
向いているのです…

例題

> 次の 2 つの関数が区間 $I = [0, 1]$ において線形独立か線形従属か調べよう.
> （1） $y_1 = x$, $y_2 = x^2$ （2） $y_1 = x$, $y_3 = 2x$

∷ 解 答 ∷ （1） $a_1 y_1 + a_2 y_2 = O(x)$ とおいてみると

$$a_1 x + a_2 x^2 = O(x)$$

I のすべての x についてこの式が成り立つので

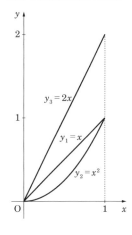

$y_3 = 2x$

$y_1 = x$

$y_2 = x^2$

$x = \dfrac{1}{2}$ とおくと $\dfrac{a_1}{2} + \dfrac{a_2}{4} = 0$

$x = 1$ とおくと $a_1 + a_2 = 0$

$\therefore \quad a_1 = a_2 = 0$

ゆえに $y_1 = x$ と $y_2 = x^2$ は I において線形独立である.

（2） I に含まれるすべての x について

$2y_1 + (-1)y_2 = O(x)$ が成り立つので, $y_1 = x$ と
$y_3 = 2x$ は I において線形従属である. 【解終】

 **関数の言葉におきかえた線形独立，線形従属の
定義を使う**

演習 21

> 区間 $[0, \pi]$ において次の関数は線形独立か線形従属か調べよう.
>
> $\qquad y_1 = \sin x$, $y_2 = \cos x$ 　　　　　　解答は p.156

∷ 解 答 ∷ $a_1 y_1 + a_2 y_2 = O(x)$ 　とおいてみると

㋐ ▢

がすべての $x(0 \leqq x \leqq \pi)$ について成立する.

特に $x = 0$ とおくと ㋑ ▢ 　これより 　$a_2 = {}^{㋒}$ ▢

特に $x = \dfrac{\pi}{2}$ とおくと

㋓ ▢

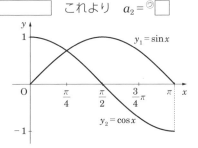

$y_1 = \sin x$

$y_2 = \cos x$

これより $a_1 = {}^{㋔}$ ▢ なので y_1 と y_2 は
線形 ㋕ ▢ である. 　　　　　【解終】

それでは，もっと複雑な関数や，たくさんの関数の線形独立，線形従属を判定するにはどうしたらよいのだろうか．p.84 の 2 行目の同次方程式

$$y^{(n)} + P_1(x)y^{(n-1)} + \cdots + P_{n-1}(x)y' + P_n(x)y = 0 \qquad \cdots (**)$$

の解である関数については，次の定理が成立している．

定理 2.2.2　　線形独立，線形従属の判定

同次方程式 $(**)$ の解である関数 $y_1, \cdots, y_k$ について，関数行列式

$$W(y_1, \cdots, y_k) = \begin{vmatrix} y_1 & y_2 & \cdots & y_k \\ y_1' & y_2' & \cdots & y_k' \\ \vdots & \vdots & \ddots & \vdots \\ y_1^{(k-1)} & y_2^{(k-1)} & \cdots & y_k^{(k-1)} \end{vmatrix}$$

を考えると，次のことが成り立つ．

(1)　$W(y_1, \cdots, y_k) \neq O(x)$　ならば　$y_1, \cdots, y_k$ は線形独立．

(2)　$W(y_1, \cdots, y_k) = O(x)$　ならば　$y_1, \cdots, y_k$ は線形従属．

解説　定理の $W(y_1, \cdots, y_k)$ を $y_1, \cdots, y_k$ の**ロンスキー行列式**という．

$y_1, \cdots, y_k$ が同次方程式 $(**)$ の解でないときは(2)は成立しないので注意．

この定理も $k = 2$ のときを証明しておこう．一般の場合も同様に示せる．【解説終】

証明　(1)　対偶をとって

　　　　y_1, y_2 が線形従属ならば　$W(y_1, y_2) = O(x)$

を示そう（右頁の注参照）．

y_1, y_2 が線形従属とすると，どちらかは 0 でない a_1, a_2 を使って

$$a_1 y_1 + a_2 y_2 = O(x) \qquad \cdots ①$$

とかける．これを微分すると $O'(x) = O(x)$ なので

$$a_1 y_1' + a_2 y_2' = O(x) \qquad \cdots ②$$

①，②を a_1, a_2 に関する連立 1 次方程式とみなす（つまり，y_1, y_2, y_1', y_2' は係数とみなす）と，区間内のすべての x について自明でない解 a_1, a_2 をもつことになるので，その係数行列式は 0 である（p.78，定理 2.0.2）．つまりすべての x について次式が成立する．

$$\begin{vmatrix} y_1 & y_2 \\ y_1' & y_2' \end{vmatrix} = W(y_1, y_2) = O(x)$$

2 次の行列式

$$\begin{vmatrix} \alpha & \beta \\ \gamma & \delta \end{vmatrix} = \alpha\delta - \beta\gamma$$

(2)　$W(y_1, y_2) = O(x)$ とすると，特にある点 x_0 において $W(y_1, y_2) = 0$ が成立する．すると，a_1, a_2 に関する連立1次方程式

$$\begin{cases} a_1 y_1 + a_2 y_2 = 0 \\ a_1 y_1' + a_2 y_2' = 0 \end{cases} \quad (x = x_0)$$

は自明でない解をもつ（p.78，定理 2.0.2）ので，その解を

$$a_1 = \beta_1, \qquad a_2 = \beta_2 \qquad (\beta_1, \beta_2 \text{ のどちらかは 0 でない})$$

とおく．そして，この β_1, β_2 を使って

$$v(x) = \beta_1 y_1 + \beta_2 y_2$$

という関数をつくると，$v(x)$ は同次方程式（＊＊）の解であり，さらに $x = x_0$ においては

$$\begin{cases} v(x_0) = \beta_1 y_1(x_0) + \beta_2 y_2(x_0) = 0 \\ v'(x_0) = \beta_1 y_1'(x_0) + \beta_2 y_2'(x_0) = 0 \end{cases}$$

が成立する．一方，零関数 $O(x)$ についても

$$O(x_0) = O'(x_0) = 0$$

が成立する．したがって定理 2.1.1（p.81）の解の一意性より

$$v(x) = O(x)$$

となり，どちらかは 0 でない β_1, β_2 を使って

$$\beta_1 y_1 + \beta_2 y_2 = O(x)$$

が成立する．ゆえに y_1, y_2 は線形従属である．

【証明終】

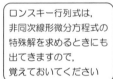

ロンスキー行列式は，非同次線形微分方程式の特殊解を求めるときにも出てきますので，覚えておいてください

【注】命題「$P \Rightarrow Q$」

に対して，

　　命題「Q でない $\Rightarrow P$ でない」

を対偶命題という．対偶命題が真ならもとの命題も真なので，対偶命題の証明の方が容易な場合には対偶命題を証明してももとの命題の証明とする．

定理 2.0.2（$n = 2$ の場合）

x, y に関する連立1次方程式 $\begin{cases} \alpha x + \beta y = 0 \\ \gamma x + \delta y = 0 \end{cases}$ について

$\begin{cases} x = 0 \\ y = 0 \end{cases}$ 以外に解をもつ $\overset{\text{同値}}{\Longleftrightarrow}$ $\begin{vmatrix} \alpha & \beta \\ \gamma & \delta \end{vmatrix} = 0$

定理 2.2.3　同次線形微分方程式の解の性質

同次線形微分方程式
$$y^{(n)} + P_1(x)y^{(n-1)} + \cdots + P_{n-1}(x)y' + P_n(x)y = 0 \qquad \cdots(**)$$
の解の関数について次の（ⅰ），（ⅱ）が成立する.

（ⅰ）　n 個の線形独立な解が存在する.

（ⅱ）　$(n+1)$ 個の解 $y_1, \cdots, y_n, y_{n+1}$ は常に線形従属である.

証明（略）

（ⅰ）　定理 2.1.1（p.79）より x_0 における次の初期条件をみたす解 $y_1, \cdots, y_n$ が存在する.

$$
\begin{array}{llll}
y_1(x_0) = 1, & y_2(x_0) = 0, & \cdots, & y_n(x_0) = 0 \\
y_1'(x_0) = 0, & y_2'(x_0) = 1, & \cdots, & y_n'(x_0) = 0 \\
\vdots & \vdots & \ddots & \vdots \\
y_1^{(n-1)}(x_0) = 0, & y_2^{(n-1)}(x_0) = 0, & \cdots, & y_n^{(n-1)}(x_0) = 1
\end{array}
$$

このとき，$y_1, \cdots, y_n$ に関するロンスキー行列式の $x = x_0$ における値は
$$W(y_1, \cdots, y_n)(x_0) = 1 \neq 0$$
となるので，$W(y_1, \cdots, y_n) \neq O(x)$ である.　したがって定理 2.2.2（p.86）より $y_1, \cdots, y_n$ は線形独立である.

（ⅱ）　$y_1, \cdots, y_n, y_{n+1}$ についてロンスキー行列式をつくってみると

$$
W(y_1, \cdots, y_n, y_{n+1}) = \begin{vmatrix}
y_1 & \cdots & y_n & y_{n+1} \\
y_1' & \cdots & y_n' & y_{n+1}' \\
\vdots & \ddots & \vdots & \vdots \\
y_1^{(n)} & \cdots & y_n^{(n)} & y_{n+1}^{(n)}
\end{vmatrix}
$$

行列式の性質を用いて，第 $(n+1)$ 行に

　　（第1行）$\times P_n(x)$，（第2行）$\times P_{n-1}(x)$，$\cdots$，（第 n 行）$\times P_1(x)$

を全部加えると，各 y_i $(i = 1, 2, \cdots, n+1)$ は $(**)$ の解なので
$$y_i^{(n)} + P_1(x)y_i^{(n-1)} + \cdots + P_{n-1}(x)y_i' + P_n(x)y_i = O(x)$$
が成立している.　ゆえに $W(y_1, \cdots, y_{n+1})$ の第 $(n+1)$ 行の成分は全部 0 となり
$$W(y_1, \cdots, y_{n+1}) = O(x)$$
が成立するので，定理 2.2.2 より $y_1, \cdots, y_{n+1}$ は線形従属である.　【略証明終】

定理 2.2.2 より，解関数の独立・従属はロンスキー行列式で判定します

n 階の同次線形微分方程式の n 個の線形独立な解からなる組

$$\{y_1, \cdots, y_n\}$$

を**基本解**という.

 解説　　n 階の同次方程式（＊＊）の解全体の集合 V は線形空間であった．そして，
定理 2.2.3 より V は n 次元であり n 個の元からなる基底が存在する.
その基底のことを微分方程式の言葉で**基本解**という．つまり基本解とは，V のす
べての解関数を生み出す 1 組の解関数 $\{y_1, \cdots, y_n\}$ のことである．基本解は 1 組
とは限らない.　　　　　　　　　　　　　　　　　　　　　　　　　　【解説終】

定理 2.2.4　　同次線形微分方程式の一般解

n 階の同次線形微分方程式の一般解は 1 組の基本解 $\{y_1, \cdots, y_n\}$ を用いて次
の形に表すことができる.

$$y = C_1 y_1 + \cdots + C_n y_n \qquad (C_1, \cdots, C_n：任意定数)$$

 解説　　n 階の同次方程式の 1 組の基本解を $\{y_1, \cdots, y_n\}$ とすれば，任意の解は
$\{y_1, \cdots, y_n\}$ の線形結合でただ一通りに表せるので，一般解は

$$y = C_1 y_1 + \cdots + C_n y_n \qquad (C_1, \cdots, C_n：任意定数)$$

となる.　　　　　　　　　　　　　　　　　　　　　　　　　　　　【解説終】

> どちらも同じ構造を
> もっているので,
> 基本解さえ求めれば
> 全部の解を求めることが
> できるんです

n 次元
線形空間

一般のベクトル

$$\boldsymbol{v} = C_1 \boldsymbol{u}_1 + \cdots + C_n \boldsymbol{u}_n$$

$\{\boldsymbol{u}_1, \cdots, \boldsymbol{u}_n\}$：基底

n 階同次線形
微分方程式の
解空間

一般解

$$y = C_1 y_1 + \cdots + C_n y_n$$

$\{y_1, \cdots, y_n\}$：基本解

定数係数 2 階同次線形微分方程式①（ロンスキー行列式を用いる解法）

例題

微分方程式 $y'' - 5y' + 6y = 0$ について

(1) $y_1 = e^{2x}$ と $y_2 = e^{3x}$ が解であることを示そう.

(2) y_1, y_2 は線形独立か線形従属か調べよう.

(3) 一般解を求めよう.

॥ 解答 ॥ (1) 微分方程式の左辺に代入して 0 になることを示せばよい.

$$y_1 = e^{2x}, \qquad y_1' = 2e^{2x}, \qquad y_1'' = 4e^{2x}$$
$$y_2 = e^{3x}, \qquad y_2' = 3e^{3x}, \qquad y_2'' = 9e^{3x}$$

なので

$$y_1'' - 5y_1' + 6y_1 = 4e^{2x} - 5\cdot 2e^{2x} + 6e^{2x} = 0$$
$$y_2'' - 5y_2' + 6y_2 = 9e^{3x} - 5\cdot 3e^{3x} + 6e^{3x} = 0$$

ゆえに y_1, y_2 は解である.

ホントに
$y_1 = e^{2x}$ と $y_2 = e^{3x}$
が解になっています

(2) ロンスキー行列式 $W(y_1, y_2)$ が $O(x)$ かどうかを調べればよい.

$$\begin{vmatrix} \alpha & \beta \\ \gamma & \delta \end{vmatrix} = \alpha\delta - \beta\gamma$$

$$\begin{aligned}
W(y_1, y_2) &= \begin{vmatrix} y_1 & y_2 \\ y_1' & y_2' \end{vmatrix} \\
&= \begin{vmatrix} e^{2x} & e^{3x} \\ (e^{2x})' & (e^{3x})' \end{vmatrix} = \begin{vmatrix} e^{2x} & e^{3x} \\ 2e^{2x} & 3e^{3x} \end{vmatrix} \\
&= e^{2x}\cdot 3e^{3x} - e^{3x}\cdot 2e^{2x} = e^{5x}
\end{aligned}$$

ロンスキー行列式

$$W(y_1, y_2) = \begin{vmatrix} y_1 & y_2 \\ y_1' & y_2' \end{vmatrix}$$

線形独立

$W(y_1, y_2) \neq O(x)$
$\Rightarrow y_1, y_2$：線形独立

ゆえに

$$W(y_1, y_2) \neq O(x)$$

なので定理 2.2.2（p.86）より y_1, y_2 は線形独立である.

(3) $y_1 = e^{2x}, y_2 = e^{3x}$ は線形独立な解であることがわかったので,

$$\{e^{2x}, e^{3x}\}$$

はこの微分方程式の基本解となれる.

ゆえに一般解は

$$y = C_1 e^{2x} + C_2 e^{3x}$$

$\qquad (C_1, C_2：任意定数)$ 　【解終】

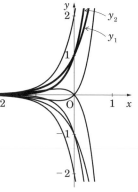

$y = C_1 e^{2x} + C_2 e^{3x}$ の曲線群

POINT ロンスキー行列式を用いて２つの解の線形独立を確認し，一般解を得る

演習 22

微分方程式 $y''+y=0$ について

（1）　$y_1=\sin x$，　$y_2=\cos x$ が解であることを示そう．

（2）　y_1, y_2 は線形独立か線形従属か調べよう．

（3）　一般解を求めよう．　解答は p.156

解答　（1）　微分方程式の左辺に代入して 0 になることを示す．

㋐

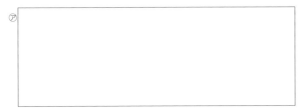

$(\sin x)'=\cos x$

$(\cos x)'=-\sin x$

$\sin^2 x+\cos^2 x=1$

（2）　ロンスキー行列式 $W(y_1, y_2)$ を調べる．

㋑

ゆえに y_1, y_2 は線形㋒＿＿＿．

（3）　（1），（2）より

$\{\sin x,\ \cos x\}$

は微分方程式の㋓＿＿＿であることがわかったので一般解は

㋔

【解終】

どうやって
$y_1=\sin x$
$y_2=\cos x$
という解を見つける
のでしょう？
次ページから
勉強していきます．

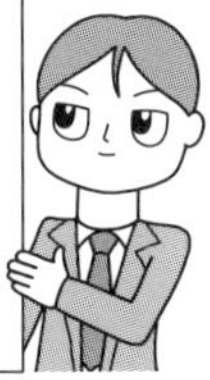

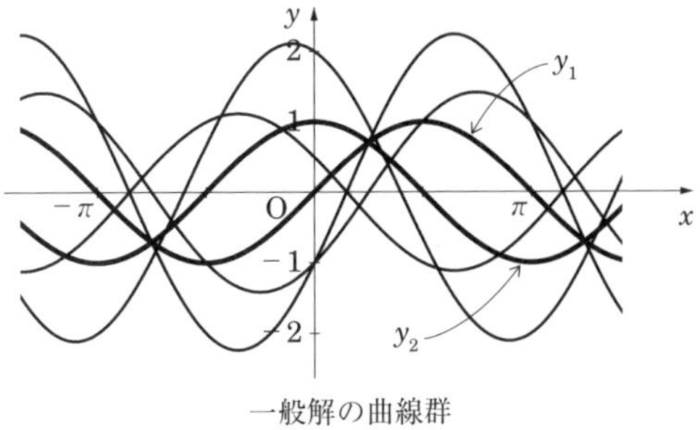

一般解の曲線群

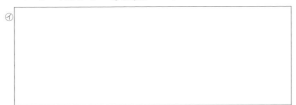

【2】 定数係数 2 階同次線形微分方程式の解き方

同次方程式の中でももっとも簡単な定数係数 2 階同次線形微分方程式

$$y'' + ay' + by = 0 \qquad (a, b : 定数) \qquad \cdots ①$$

の解法を学ぼう．この解全体の構造は定理 2.2.4（p.89）で示したようにすでにわかっているので，いかにその 1 組の基本解 $\{y_1, y_2\}$ を求めるかが問題となる．

そこで $y = e^{\lambda x}$ という指数関数を考えてみよう．

$$y' = \lambda e^{\lambda x}, \qquad y'' = \lambda^2 e^{\lambda x}$$

なので，方程式①の左辺に代入してみると

$$y'' + ay' + by = \lambda^2 e^{\lambda x} + a\lambda e^{\lambda x} + be^{\lambda x}$$
$$= (\lambda^2 + a\lambda + b)\, e^{\lambda x}$$

ゆえに

$$\lambda^2 + a\lambda + b = 0 \qquad \cdots ②$$

をみたす λ を使えば $y = e^{\lambda x}$ は①の 1 つの解となる．

この重要な 2 次方程式②を，①の**特性方程式**という．

②の解は次の 3 通りが考えられる．

（ⅰ） 相異なる 2 つの実数解 （判別式 > 0）

（ⅱ） 重解 （判別式 $= 0$）

（ⅲ） 相異なる 2 つの複素数解 （判別式 < 0）

この解の種類別に考えてゆこう．

（ⅰ） $\lambda^2 + a\lambda + b = 0$ が相異なる 2 つの実数解をもつ場合

その 2 つの実数解を $\lambda_1, \lambda_2 (\lambda_1 \neq \lambda_2)$ とすると

$$y_1 = e^{\lambda_1 x}, \qquad y_2 = e^{\lambda_2 x}$$

は共に微分方程式①の解である．そこでこれが基本解となれるかどうか，つまり線形独立かどうか調べてみよう．ロンスキー行列式を計算してみると

$$
\begin{aligned}
W(y_1, y_2) &= \begin{vmatrix} e^{\lambda_1 x} & e^{\lambda_2 x} \\ (e^{\lambda_1 x})' & (e^{\lambda_2 x})' \end{vmatrix} \\
&= \begin{vmatrix} e^{\lambda_1 x} & e^{\lambda_2 x} \\ \lambda_1 e^{\lambda_1 x} & \lambda_2 e^{\lambda_2 x} \end{vmatrix} \\
&= \lambda_2 e^{\lambda_1 x} e^{\lambda_2 x} - \lambda_1 e^{\lambda_1 x} e^{\lambda_2 x} \\
&= (\lambda_2 - \lambda_1)\, e^{\lambda_1 x} e^{\lambda_2 x}
\end{aligned}
$$

ロンスキー行列式

$$W(y_1, y_2) = \begin{vmatrix} y_1 & y_2 \\ y_1' & y_2' \end{vmatrix}$$

2 次の行列式

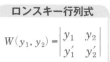

$$\begin{vmatrix} \alpha & \beta \\ \gamma & \delta \end{vmatrix} = \alpha\delta - \beta\gamma$$

$\lambda_1 \neq \lambda_2$ なので

$$W(y_1, y_2) \neq O(x)$$

ゆえに $y_1 = e^{\lambda_1 x}$ と $y_2 = e^{\lambda_2 x}$ は線形独立であり，方程式①
の基本解となることがわかった．したがって一般解は

$$y = C_1 e^{\lambda_1 x} + C_2 e^{\lambda_2 x} \qquad (C_1, C_2 : \text{任意定数})$$

となる．

（ⅱ）$\lambda^2 + a\lambda + b = 0$ が重解をもつ場合

その重解を λ_1 とすると

$$y_1 = e^{\lambda_1 x}$$

は微分方程式①の解である．もう1つこれと線形独立
な解をみつけないと基本解をつくれない．そこで

$$y_2 = x e^{\lambda_1 x}$$

とおいてみよう．これが①の解かどうか調べるために
①の左辺に代入してみる．

$$\begin{aligned}
y_2' &= (x e^{\lambda_1 x})' = x' e^{\lambda_1 x} + x (e^{\lambda_1 x})' \\
&= e^{\lambda_1 x} + \lambda_1 x e^{\lambda_1 x} = (1 + \lambda_1 x) e^{\lambda_1 x} \\
y_2'' &= \{(1 + \lambda_1 x) e^{\lambda_1 x}\}' \\
&= (1 + \lambda_1 x)' e^{\lambda_1 x} + (1 + \lambda_1 x)(e^{\lambda_1 x})' \\
&= \lambda_1 e^{\lambda_1 x} + \lambda_1 (1 + \lambda_1 x) e^{\lambda_1 x} = (\lambda_1^2 x + 2\lambda_1) e^{\lambda_1 x}
\end{aligned}$$

$$(f \cdot g)' = f' \cdot g + f \cdot g'$$

$$(e^{ax})' = a e^{ax}$$

なので

$$\begin{aligned}
y_2'' + a y_2' + b y_2 &= (\lambda_1^2 x + 2\lambda_1) e^{\lambda_1 x} + a(1 + \lambda_1 x) e^{\lambda_1 x} + b x e^{\lambda_1 x} \\
&= \{(\lambda_1^2 + a\lambda_1 + b) x + (2\lambda_1 + a)\} e^{\lambda_1 x}
\end{aligned}$$

λ_1 は特性方程式②の解なので

$$\lambda_1^2 + a\lambda_1 + b = 0$$

が成立する．また，λ_1 が②の重解なので解と係数
の関係より

$$\lambda_1 + \lambda_1 = -a \qquad \therefore \quad 2\lambda_1 + a = 0$$

解と係数の関係

$ax^2 + bx + c = 0 \, (a \neq 0)$ の
2つの解を α, β とするとき
$$\alpha + \beta = -\frac{b}{a}, \qquad \alpha\beta = \frac{c}{a}$$

ゆえに

$$y_2'' + a y_2' + b y_2 = (0 \cdot x + 0) e^{\lambda_1 x} = 0$$

これで $y_2 = x e^{\lambda_1 x}$ が①の解であることがわかった．

次に y_1 と y_2 が線形独立かどうか調べよう。ロンスキー行列式を計算すると

$$W(y_1, y_2) = \begin{vmatrix} e^{\lambda_1 x} & x e^{\lambda_1 x} \\ (e^{\lambda_1 x})' & (x e^{\lambda_1 x})' \end{vmatrix} = \begin{vmatrix} e^{\lambda_1 x} & x e^{\lambda_1 x} \\ \lambda_1 e^{\lambda_1 x} & e^{\lambda_1 x} + \lambda_1 x e^{\lambda_1 x} \end{vmatrix}$$

$$= \begin{vmatrix} e^{\lambda_1 x} & x e^{\lambda_1 x} \\ \lambda_1 e^{\lambda_1 x} & (1 + \lambda_1 x) e^{\lambda_1 x} \end{vmatrix} = (1 + \lambda_1 x) e^{\lambda_1 x} e^{\lambda_1 x} - \lambda_1 x e^{\lambda_1 x} e^{\lambda_1 x}$$

$$= e^{2\lambda_1 x} \not\equiv O(x)$$

ゆえに $y_1 = e^{\lambda_1 x}$ と $y_2 = x e^{\lambda_1 x}$ は線形独立なので①の基本解となれる。したがって一般解は

$$y = C_1 e^{\lambda_1 x} + C_2 x e^{\lambda_1 x} \qquad (C_1, C_2 : \text{任意定数})$$

となる。

（ⅲ）　$\lambda^2 + a\lambda + b = 0$ が複素数解をもつ場合

この場合は話が少しめんどうになる。

2つの複素数解 λ_1, λ_2 を使って関数

$$y_1 = e^{\lambda_1 x}, \qquad y_2 = e^{\lambda_2 x}$$

をつくると、これはもはや実関数ではなく複素関数となる。つまり話が複素数の世界に飛び出してしまい、そこで関数や微分方程式を考えることになってしまう。"複素関数の世界"で

$$y_1 = e^{\lambda_1 x}, \qquad y_2 = e^{\lambda_2 x}$$

を考えるなら問題はないのだが、いま考えている微分方程式は、"実関数の世界"なので、何とか実関数の解をみつけ出さなくてはいけない。

複素数

$z = \alpha + i\beta$

$\alpha, \beta : \text{実数}$

$i = \sqrt{-1}$

実関数 $y = f(x)$

x も y も実数

複素関数 $w = f(z)$

z も w も複素数

今は実関数の解を
見つけなければ
いけません

Column　複素変数の指数関数 $f(z) = e^z$

「複素関数」から
ここで必要な定理と
定義を紹介します

『すぐわかる複素解析』
で詳しく勉強できます

z を複素数の変数とするとき，指数関数 e^z は実関数 e^x のマクローリン展開をまねて

$$e^z \overset{定義}{=} 1 + \frac{1}{1!}z + \frac{1}{2!}z^2 + \cdots + \frac{1}{n!}z^n + \cdots$$

と定義すると，次の定理が成立します．

定理	指数法則

$$e^{\lambda + \mu} = e^\lambda e^\mu \qquad (\lambda,\ \mu：複素数)$$

実関数の指数法則が
そのまま成立します．
有名なこの公式は
指数関数と三角関数を
結びつける
すごい公式なのです！

定理	オイラーの公式

$$e^{i\theta} = \cos\theta + i\sin\theta \qquad (\theta：実数)$$

複素関数 $f(z)$ の微分係数も実関数のときと同様に

$$f'(z_0) = \lim_{z \to z_0} \frac{f(z) - f(z_0)}{z - z_0}$$

で定義します．さらに，各点 z_0 にその微分係数 $f'(z_0)$ を対応させる関数を $f(z)$ の導関数といい $f'(z)$，$\dfrac{df}{dz}$ などで表します．すると，実関数のときと同じ次の定理が成立するのです．

定理	微分公式

$$\frac{d}{dz}e^{\lambda z} = \lambda e^{\lambda z} \qquad (\lambda：複素定数)$$

実関数の微分公式が
そのまま使えます

そこで次のように考えよう.

λ_1, λ_2 は共役複素数なので，定数 α, β $(\beta \neq 0)$ を使って

$$\lambda_1 = \alpha + i\beta, \qquad \lambda_2 = \alpha - i\beta$$

とおくと，オイラーの公式と指数法則(p.95)を使って

$$y_1 = e^{\lambda_1 x} = e^{(\alpha + i\beta)x} = e^{\alpha x + i\beta x}$$
$$= e^{\alpha x} e^{i\beta x} = e^{\alpha x}(\cos\beta x + i\sin\beta x)$$
$$y_2 = e^{\lambda_2 x} = e^{(\alpha - i\beta)x} = e^{\alpha x - i\beta x}$$
$$= e^{\alpha x} e^{-i\beta x} = e^{\alpha x}\{\cos(-\beta x) + i\sin(-\beta x)\}$$
$$= e^{\alpha x}(\cos\beta x - i\sin\beta x)$$

となる．すると

$$y_1 + y_2 = e^{\alpha x}(\cos\beta x + i\sin\beta x) + e^{\alpha x}(\cos\beta x - i\sin\beta x) = 2e^{\alpha x}\cos\beta x$$
$$y_1 - y_2 = e^{\alpha x}(\cos\beta x + i\sin\beta x) - e^{\alpha x}(\cos\beta x - i\sin\beta x) = 2ie^{\alpha x}\sin\beta x$$

となるので

$$Y_1 = \frac{1}{2}(y_1 + y_2) = e^{\alpha x}\cos\beta x$$

$$Y_2 = \frac{1}{2i}(y_1 - y_2) = e^{\alpha x}\sin\beta x$$

はともに実関数となる．そしてこの

$$Y_1 = e^{\alpha x}\cos\beta x$$
$$Y_2 = e^{\alpha x}\sin\beta x$$

はともに p.92 の同次方程式①の解であることは
次のように①に代入してみればわかる.

$$Y_1' = \alpha e^{\alpha x}\cos\beta x - \beta e^{\alpha x}\sin\beta x$$
$$= \alpha Y_1 - \beta e^{\alpha x}\sin\beta x$$
$$Y_1'' = \alpha Y_1' - \beta(\alpha e^{\alpha x}\sin\beta x + \beta Y_1)$$
$$= \alpha Y_1' - \beta^2 Y_1 - \alpha\beta e^{\alpha x}\sin\beta x$$
$$= \alpha(\alpha Y_1 - \beta e^{\alpha x}\sin\beta x) - \beta^2 Y_1 - \alpha\beta e^{\alpha x}\sin\beta x$$
$$= (\alpha^2 - \beta^2)Y_1 - 2\alpha\beta e^{\alpha x}\sin\beta x$$
$$\therefore \quad Y_1'' + aY_1' + bY_1$$
$$= \{(\alpha^2 - \beta^2)Y_1 - 2\alpha\beta e^{\alpha x}\sin\beta x\} + a\{\alpha Y_1 - \beta e^{\alpha x}\sin\beta x\} + bY_1$$
$$= (\alpha^2 - \beta^2 + a\alpha + b)Y_1 - \beta e^{\alpha x}(2\alpha + a)\sin\beta x$$

共役複素数

$z = \alpha + i\beta$

$\bar{z} = \alpha - i\beta$

$\cos(-\theta) = \cos\theta$

$\sin(-\theta) = -\sin\theta$

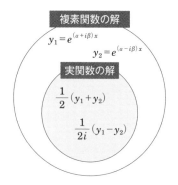

複素関数の解

$y_1 = e^{(\alpha + i\beta)x}$

$y_2 = e^{(\alpha - i\beta)x}$

実関数の解

$\dfrac{1}{2}(y_1 + y_2)$

$\dfrac{1}{2i}(y_1 - y_2)$

$(f \cdot g)' = f' \cdot g + f \cdot g'$

ここで　$\lambda_1 = \alpha + i\beta$　と　$\lambda_2 = \alpha - i\beta$　は　$\lambda^2 + a\lambda + b = 0$　の 2 つの解であるから，解と係数の関係より

$$2\alpha = \lambda_1 + \lambda_2 = -a, \qquad \alpha^2 + \beta^2 = \lambda_1\lambda_2 = b$$

が成り立っている．ゆえに

$$\alpha^2 - \beta^2 + a\alpha + b = \alpha^2 - \beta^2 - 2\alpha^2 + b$$
$$= -(\alpha^2 + \beta^2) + b = 0$$

$$2\alpha + a = 0$$

なので

$$Y_1'' + aY_1' + bY_1 = 0$$

となる．

> 大学受験でよく出てきた "解と係数の関係" が役立つんです

解と係数の関係

$ax^2 + bx + c = 0\,(a \neq 0)$ の 2 つの解を α, β とするとき

$$\alpha + \beta = -\frac{b}{a}, \qquad \alpha\beta = \frac{c}{a}$$

　まったく同様に

$$Y_2'' + aY_2' + bY_2 = 0$$

も成り立つので

$$Y_1 = e^{\alpha x}\cos\beta x, \qquad Y_2 = e^{\alpha x}\sin\beta x$$

はともに①の実関数の解であることがわかった．

　さらに線形独立かどうか調べるためにロンスキー行列式を計算すると

$$W(Y_1, Y_2) = \begin{vmatrix} e^{\alpha x}\cos\beta x & e^{\alpha x}\sin\beta x \\ (e^{\alpha x}\cos\beta x)' & (e^{\alpha x}\sin\beta x)' \end{vmatrix}$$

$$= \begin{vmatrix} e^{\alpha x}\cos\beta x & e^{\alpha x}\sin\beta x \\ \alpha e^{\alpha x}\cos\beta x - \beta e^{\alpha x}\sin\beta x & \alpha e^{\alpha x}\sin\beta x + \beta e^{\alpha x}\cos\beta x \end{vmatrix}$$

$$= e^{\alpha x}\cos\beta x(\alpha e^{\alpha x}\sin\beta x + \beta e^{\alpha x}\cos\beta x)$$
$$\qquad\qquad - e^{\alpha x}\sin\beta x(\alpha e^{\alpha x}\cos\beta x - \beta e^{\alpha x}\sin\beta x)$$

$$= \beta e^{2\alpha x}(\cos^2\beta x + \sin^2\beta x) = \beta e^{2\alpha x} \neq O(x)$$

なので，Y_1, Y_2 は線形独立である．

　このことより

$$\sin^2\theta + \cos^2\theta = 1$$

$$Y_1 = e^{\alpha x}\cos\beta x, \qquad Y_2 = e^{\alpha x}\sin\beta x$$

は微分方程式①の基本解となることがわかった．ゆえに一般解は

$$y = C_1 e^{\alpha x}\cos\beta x + C_2 e^{\alpha x}\sin\beta x \qquad (C_1, C_2：任意定数)$$

となる．

　以上のことを次頁にまとめておこう．

> C_1, C_2 は実数の任意定数です

微分方程式
$$y'' + ay' + by = 0 \qquad (a, b：定数)$$
とその特性方程式
$$\lambda^2 + a\lambda + b = 0$$
の 2 つの解 λ_1, λ_2 について

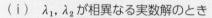

a, b は
実数の定数
C_1, C_2 は
任意の実数の定数
です

（ i ）　λ_1, λ_2 が相異なる実数解のとき

　　　　基本解は　　　$y_1 = e^{\lambda_1 x}$, 　$y_2 = e^{\lambda_2 x}$

　　　　一般解は　　　$y = C_1 e^{\lambda_1 x} + C_2 e^{\lambda_2 x}$ 　　　（C_1, C_2：任意定数）

（ ii ）　$\lambda_1 = \lambda_2$ が重解のとき

　　　　基本解は　　　$y_1 = e^{\lambda_1 x}$, 　$y_2 = x e^{\lambda_1 x}$

　　　　一般解は　　　$y = C_1 e^{\lambda_1 x} + C_2 x e^{\lambda_1 x}$ 　　　（C_1, C_2：任意定数）

（ iii ）　λ_1, λ_2 が共役な複素数解のとき

　　　　$\lambda_1 = \alpha + i\beta$, 　$\lambda_2 = \alpha - i\beta$ 　（α, β：実数, $\beta \neq 0$）とおくと

　　　　基本解は　　　$y_1 = e^{\alpha x} \cos \beta x$, 　$y_2 = e^{\alpha x} \sin \beta x$

　　　　一般解は　　　$y = C_1 e^{\alpha x} \cos \beta x + C_2 e^{\alpha x} \sin \beta x$ 　　　（C_1, C_2：任意定数）

解説　この定理により，

　　　　"微分方程式 $y'' + ay' + by = 0$ を解く"

ことが

　　　　"特性方程式 $\lambda^2 + a\lambda + b = 0$ を解く"

ことに還元されてしまった．つまり微分方程式を解くのに，驚くべきことに，積分計算をまったく行わずに，代数方程式を解くという代数的な計算だけで解が求まることになる．しかしこの事実を知るためにはかなりの数学的知識が必要であったことも忘れてはいけない．

【解説終】

　次頁に解法の手順を示しておこう．

【定数係数 2 階同次線形微分方程式 $y'' + ay' + by = 0$ の解き方】

手順 1. 特性方程式をつくる.

$$\lambda^2 + a\lambda + b = 0$$

手順 2. 特性方程式を解く.

手順 3. 特性方程式の解の種類に従って基本解 y_1, y_2 をつくる.

手順 4. 一般解を基本解の線形結合でつくる.

$$y = C_1 y_1 + C_2 y_2 \qquad (C_1,\ C_2 : 任意定数)$$

さらに特殊解を求めたいときは

手順 5. 一般解に条件を代入して任意定数 C_1, C_2 を決め, 特殊解を求める.

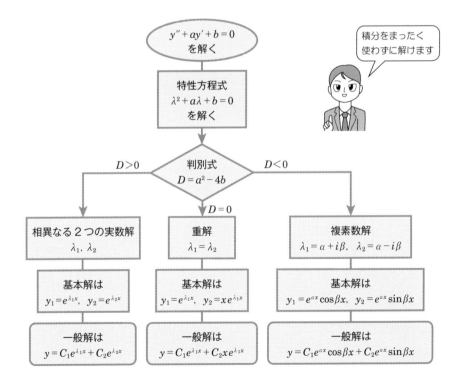

問題 23 定数係数２階同次線形微分方程式②（特性方程式を用いる解法Ⅰ）

例題

微分方程式 $y''+y'-6y=0$ を解こう．

解答 手順に従って解けば，一般解は機械的に求まる．

手順 1．特性方程式は

$$\lambda^2+\lambda-6=0$$

特性方程式

$y''+ay'+by=0$

$\lambda^2+a\lambda+b=0$

手順 2．特性方程式を解く．

因数分解して解を求めると

$$(\lambda+3)(\lambda-2)=0 \qquad \therefore\ \lambda=-3,\ 2$$

手順 3．基本解を求める．

相異なる 2 つの実数解なので基本解は

$$y_1=e^{-3x}, \qquad y_2=e^{2x}$$

手順 4．一般解は基本解の線形結合なので

$$y=C_1e^{-3x}+C_2e^{2x}$$

（C_1, C_2：任意定数）　　【解終】

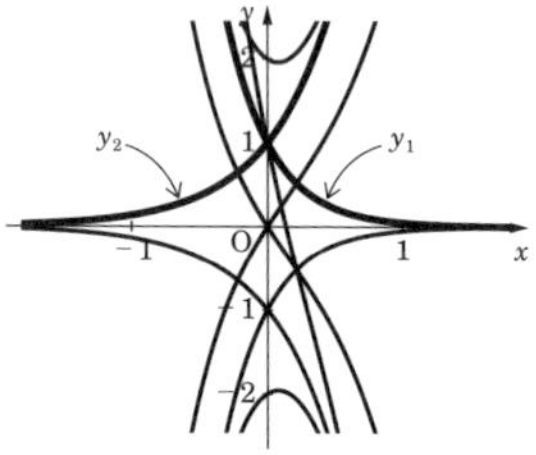

y
2
1
y_2
y_1
−1
0
1
x
−1
−2

$y=C_1e^{-3x}+C_2e^{2x}$ の曲線群

POINT 特性方程式が相異なる実数解 λ_1, λ_2 をもつとき，基本解は　$y_1=e^{\lambda_1 x}$，$y_2=e^{\lambda_2 x}$

演習 23

微分方程式 $y''-6y'+8y=0$ を解こう．　解答は p.156

解答 手順 1．特性方程式は

㋐ [　　　　]

手順 2．特性方程式を解くと

㋑ [　　　　]

手順 3．基本解は

㋒ [　　　　]

手順 4．一般解は

㋓ [　　　　]

【解終】

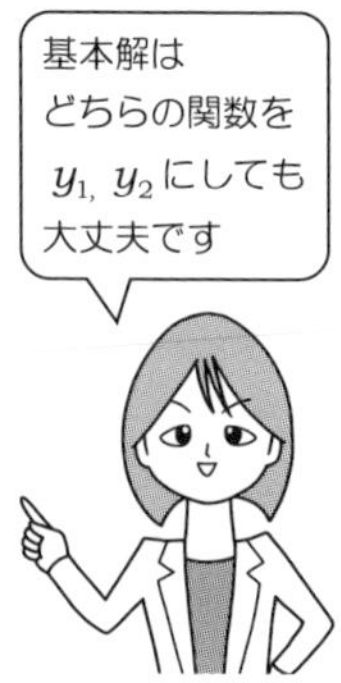

基本解は
どちらの関数を
y_1, y_2 にしても
大丈夫です

問題 24　定数係数 2 階同次線形微分方程式③（特性方程式を用いる解法Ⅱ）

例題

微分方程式 $y'' - 4y' + 4y = 0$ を解こう.

解答　手順に従って解こう.

手順 1.　特性方程式は

$$\lambda^2 - 4\lambda + 4 = 0$$

手順 2.　特性方程式を解く.

因数分解して解を求めると

$$(\lambda - 2)^2 = 0 \qquad \therefore\ \lambda = 2\ (\text{重解})$$

手順 3.　基本解を求める.

重解なので基本解は

$$y_1 = e^{2x}, \qquad y_2 = xe^{2x}$$

手順 4.　一般解は基本解の線形結合なので

$$y = C_1 e^{2x} + C_2 xe^{2x}$$

（C_1, C_2：任意定数）　　【解終】

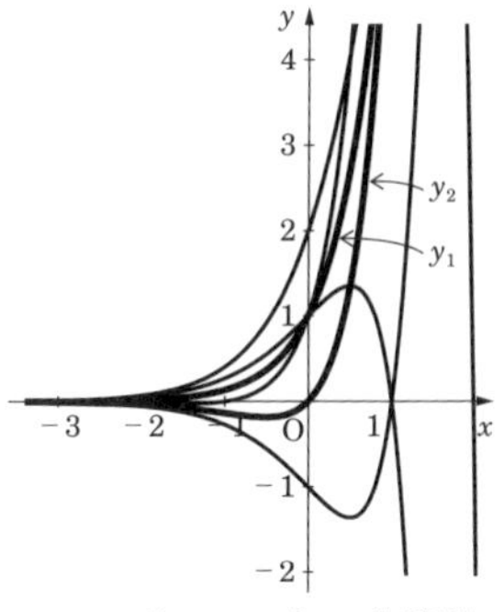

$y = C_1 e^{2x} + C_2 xe^{2x}$ の曲線群

POINT　特性方程式が重解 λ をもつとき，基本解は　$y_1 = e^{\lambda x}$，$y_2 = xe^{\lambda x}$

演習 24

微分方程式 $y'' + 10y' + 25y = 0$ を解こう.　解答は p.156

解答　手順 1.　特性方程式は

㋐ [　　　　]

手順 2.　特性方程式を解くと

㋑ [　　　　]

手順 3.　基本解は

㋒ [　　　　]

手順 4.　一般解は

㋓ [　　　　]

【解終】

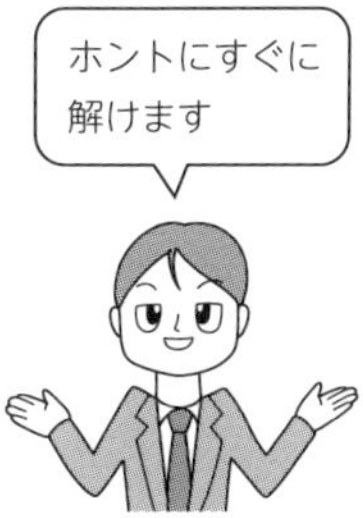

定数係数 2 階同次線形微分方程式④ （特性方程式を用いる解法Ⅲ）

例題

> (1) 微分方程式 $y'' + 4y' + 13y = 0$ を解こう.
>
> (2) 初期条件 $y(0) = y'(0) = 1$ をみたす特殊解を求めよう.

❖ 解答 ❖ (1) **手順 1.** 特性方程式は

$$\lambda^2 + 4\lambda + 13 = 0$$

手順 2. 特性方程式を解く.

因数分解できないので解の公式を使うと

$$\lambda = -2 \pm \sqrt{2^2 - 13} = -2 \pm \sqrt{-9} = -2 \pm 3i$$

ゆえに次の 2 つの複素数解をもつ.

$$\lambda_1 = -2 + 3i, \qquad \lambda_2 = -2 - 3i$$

手順 3. 複素数解の実数部分 α，虚数部分 β は

$\alpha = -2$，$\beta = 3$（-3 でもよい）なので，基本解は

$$y_1 = e^{-2x}\cos 3x, \qquad y_2 = e^{-2x}\sin 3x$$

手順 4. 一般解は

$$y = C_1 e^{-2x}\cos 3x + C_2 e^{-2x}\sin 3x$$

$$(C_1, C_2 : \text{任意定数})$$

(2) **手順 5.** 初期条件は y と y' の値なので，
一般解を微分しておこう.

$$y = e^{-2x}(C_1\cos 3x + C_2\sin 3x)$$
$$y' = (e^{-2x})'(C_1\cos 3x + C_2\sin 3x) + e^{-2x}(C_1\cos 3x + C_2\sin 3x)'$$
$$= -2e^{-2x}(C_1\cos 3x + C_2\sin 3x) + e^{-2x}(-3C_1\sin 3x + 3C_2\cos 3x)$$

$x = 0$ のとき $y = y' = 1$ なので，$e^0 = 1$，$\sin 0 = 0$，$\cos 0 = 1$ より

$$\begin{cases} 1 = 1 \cdot (C_1 \cdot 1 + C_2 \cdot 0) \\ 1 = -2 \cdot 1 \cdot (C_1 \cdot 1 + C_2 \cdot 0) + 1 \cdot (-3C_1 \cdot 0 + 3C_2 \cdot 1) \end{cases}$$

$$\therefore \quad \begin{cases} 1 = C_1 \\ 1 = -2C_1 + 3C_2 \end{cases}$$

これより $C_1 = C_2 = 1$ となり求める特殊解は

$$y = e^{-2x}\cos 3x + e^{-2x}\sin 3x \qquad \text{【解終】}$$

2次方程式の解の公式

- $ax^2 + bx + c = 0 \quad (a \neq 0)$

$$x = \frac{-b \pm \sqrt{b^2 - 4ac}}{2a}$$

- $ax^2 + 2b'x + c = 0 \quad (a \neq 0)$

$$x = \frac{-b' \pm \sqrt{b'^2 - ac}}{a}$$

$a > 0$ のとき
$\sqrt{-a} = \sqrt{a}\, i$

$(f \cdot g)' = f' \cdot g + f \cdot g'$

$(e^{ax})' = ae^{ax}$

$(\sin ax)' = a\cos ax$
$(\cos ax)' = -a\sin ax$

演習 25

> (1) 微分方程式 $y'' + 2y' + 5y = 0$ を解こう.
>
> (2) 初期条件 $y(0) = -1, \ y'(0) = 3$ をみたす特殊解を求めよう.
>
> 解答は p.156

:: 解 答 :: (1) **手順 1.** 特性方程式は

㋐ [   ]

手順 2. 特性方程式を解き,解 λ_1, λ_2 を求める.

㋑ [   ]

手順 3. 複素数解の実数部分を α,虚数部分を β とすると,

$\alpha =$ ㋒ [   ],$\beta =$ ㋓ [   ] となるので,基本解は

㋔ [   ]

手順 4. 一般解は

㋕ [   ]

(2) **手順 5.** 一般解 y を微分して y' を求める.

㋖ [   ]

$x = 0$ のとき $y =$ ㋗ [   ] , $y' =$ ㋘ [   ] なので,C_1, C_2 に関する方程式をつくり

C_1, C_2 の値を求めると

㋙ [   ]

ゆえに求める特殊解は

㋚ [   ]

【解終】

基本解

$y = e^{-x}$

初期条件
$y(0) = -1$
$y'(0) = 3$

基本解と特殊解のグラフ

問題 26 定数係数 2 階同次線形微分方程式の総合演習

演習 26

次の微分方程式を解きなさい.

(1)　$y''-3y=0$　　(2)　$y''-3y'=0$　　(3)　$y''+3y=0$

(4)　$y''-6y'+5y=0$　　(5)　$y''-6y'+10y=0$

(6)　$y''+8y'+16y=0,\ y(0)=1,\ y'(0)=-5$

解答は p.157

解 答　(1)　特性方程式は㋐

これを解くと,　㋑

ゆえに基本解は㋒

一般解は　㋓

(2)　特性方程式は　㋔

これを解くと,　㋕

ゆえに基本解は㋖

一般解は　㋗

(3)　特性方程式をつくって解くと

㋘

ゆえに基本解は

㋙

一般解は　㋚

(4)　特性方程式をつくって解くと

㋛

ゆえに基本解は

㋜

一般解は　㋝

【解終】

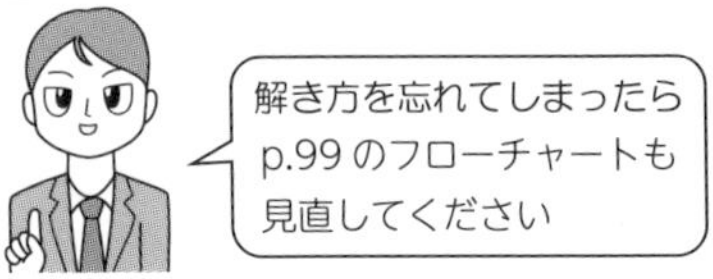
解き方を忘れてしまったら
p.99 のフローチャートも
見直してください

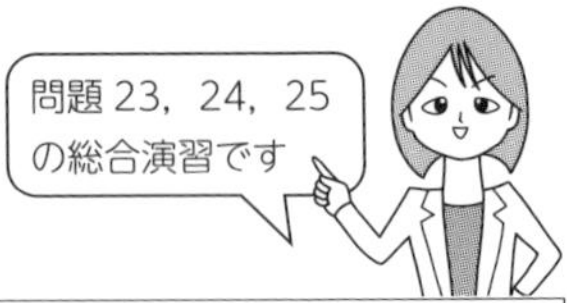
問題 23，24，25
の総合演習です

(5)　㋞

(6)　㋟

【3】 定数係数 n 階同次線形微分方程式の解き方

$y, y', \cdots, y^{(n)}$ の係数がすべて定数である

$$y^{(n)} + a_1 y^{(n-1)} + \cdots + a_{n-1} y' + a_n y = 0 \qquad (a_1, \cdots, a_n : 定数) \qquad \cdots (\circledast)$$

を**定数係数 n 階同次線形微分方程式**という.

今まで学んできたのは $n = 2$ の場合で,これを一般化したのが次の定理である.

定理 2.2.6 　**定数係数 n 階同次線形微分方程式の基本解と一般解**

方程式 $(\circledast)$ の**特性方程式**

$$\lambda^n + a_1 \lambda^{n-1} + \cdots + a_{n-1} \lambda + a_n = 0$$

が次の n 個の解をもつとする.

　相異なる実数解　　$\lambda_1, \lambda_2, \cdots, \lambda_s$ 　（重複度 $m_1, m_2, \cdots, m_s$）

　相異なる複素数解　$\alpha_1 \pm i\beta_1, \alpha_2 \pm i\beta_2, \cdots, \alpha_t \pm i\beta_t$ （重複度 $l_1, l_2, \cdots, l_t$）

　（ただし　$n = (m_1 + m_2 + \cdots + m_s) + 2(l_1 + l_2 + \cdots + l_t)$ ）

このとき,方程式 $(\circledast)$ は次の n 個からなる基本解をもつ.

$$e^{\lambda_i x}, \ x e^{\lambda_i x}, \ \cdots, \ x^{m_i - 1} e^{\lambda_i x} \qquad\qquad (i = 1, 2, \cdots, s)$$

$$e^{\alpha_j x} \cos\beta_j x, \ x e^{\alpha_j x} \cos\beta_j x, \ \cdots, \ x^{l_j - 1} e^{\alpha_j x} \cos\beta_j x$$
$$\qquad\qquad\qquad\qquad\qquad\qquad\qquad (j = 1, 2, \cdots, t)$$
$$e^{\alpha_j x} \sin\beta_j x, \ x e^{\alpha_j x} \sin\beta_j x, \ \cdots, \ x^{l_j - 1} e^{\alpha_j x} \sin\beta_j x$$

そして $(\circledast)$ の一般解はこれらの線形結合で与えられる.

一般に n 次の代数方程式は重複も数えて,実数解,複素数解を全部で n 個もつ.証明は省略するが,特性方程式のこの解の種類により,関数を

つくる.つくり方は $n = 2$ の場合と同じである.

> 実数解 λ が m 重解 　$\longrightarrow$ 　$e^{\lambda x}, \ x e^{\lambda x}, \ \cdots, \ x^{m-1} e^{\lambda x}$

> 共役複素数解 $\alpha \pm i\beta$ 　$\longrightarrow$ 　$e^{\alpha x} \cos\beta x, \ x e^{\alpha x} \cos\beta x, \ \cdots, \ x^{l-1} e^{\alpha x} \cos\beta x$
> が l 重解 　　　　　　　　　$e^{\alpha x} \sin\beta x, \ x e^{\alpha x} \sin\beta x, \ \cdots, \ x^{l-1} e^{\alpha x} \sin\beta x$

このようにつくられた n 個の関数が線形独立であることが示せるので,$(\circledast)$ の 1 組の基本解 $\{y_1, \cdots, y_n\}$ となり,一般解はこれらの線形結合

$$y = C_1 y_1 + \cdots + C_n y_n \qquad (C_1, \cdots, C_n : 任意定数)$$

である.

【解説終】

定数係数 n 階同次線形微分方程式

例題

次の微分方程式を解こう.

(1) $y''' - 3y'' + 7y' - 5y = 0$ (2) $y^{(4)} + 2y'' + y = 0$

❖ 解 答 ❖ (1) 特性方程式は

$$\lambda^3 - 3\lambda^2 + 7\lambda - 5 = 0$$

これを因数分解して解くと

$$(\lambda - 1)(\lambda^2 - 2\lambda + 5) = 0$$

$$\lambda - 1 = 0, \quad \lambda^2 - 2\lambda + 5 = 0$$

$$\lambda = 1, \qquad \lambda = 1 \pm 2i$$

これらより基本解をつくってゆく.

$\lambda = 1$（1重解）より

$$y_1 = e^{1 \cdot x} = e^x$$

$\lambda = 1 \pm 2i$（それぞれ1重解）$(\alpha = 1,\ \beta = 2)$ より

$$\begin{cases} y_2 = e^{1 \cdot x}\cos 2x = e^x \cos 2x, \\ y_3 = e^{1 \cdot x}\sin 2x = e^x \sin 2x \end{cases}$$

ゆえに基本解は

$$y_1 = e^x, \quad y_2 = e^x \cos 2x, \quad y_3 = e^x \sin 2x$$

なので一般解は

$$y = C_1 e^x + C_2 e^x \cos 2x + C_3 e^x \sin 2x \qquad (C_1,\ C_2,\ C_3 : 任意定数)$$

$[f(\lambda) = \lambda^3 - 3\lambda^2 + 7\lambda - 5 \text{ の因数分解}]$

$f(1) = 0$ なので $f(\lambda)$ は $(\lambda - 1)$ で割り切れる.

$$\begin{array}{r} \lambda^2 - 2\lambda + 5 \\ \lambda - 1 \overline{)\lambda^3 - 3\lambda^2 + 7\lambda - 5} \\ \underline{\lambda^3 - \lambda^2} \\ -2\lambda^2 + 7\lambda \\ \underline{-2\lambda^2 + 2\lambda} \\ 5\lambda - 5 \\ \underline{5\lambda - 5} \\ 0 \end{array}$$

$\therefore \quad \lambda^3 - 3\lambda^2 + 7\lambda - 5 = (\lambda - 1)(\lambda^2 - 2\lambda + 5)$

因数定理を
使っています

(2) 特性方程式をつくって解くと

$$\lambda^4 + 2\lambda^2 + 1 = 0, \quad (\lambda^2 + 1)^2 = 0 \qquad \therefore \lambda = \pm i \quad (それぞれ重解)$$

解は $\alpha = 0,\ \beta = 1$ の複素数解で, それぞれ2重解なので, 基本解は

$$\begin{cases} y_1 = e^{0 \cdot x}\cos 1 \cdot x, \quad y_2 = x e^{0 \cdot x}\cos 1 \cdot x, \\ y_3 = e^{0 \cdot x}\sin 1 \cdot x, \quad y_4 = x e^{0 \cdot x}\sin 1 \cdot x \end{cases}$$

つまり次の4つの関数である.

$$y_1 = \cos x, \qquad y_2 = x\cos x, \qquad y_3 = \sin x, \qquad y_4 = x\sin x$$

ゆえに一般解は

$$y = C_1 \cos x + C_2 x \cos x + C_3 \sin x + C_4 x \sin x$$

$$(C_1,\ C_2,\ C_3,\ C_4 : 任意定数)$$

$n = 2$ の場合と
同じ要領で基本解を
つくってください

【解終】

[POINT>] **特性方程式の解の種類に従って得た基本解の線形結合が一般解となる**

演習 27

次の微分方程式を解こう.

(1) $y''' - 4y'' + 5y' - 2y = 0$　　(2) $y^{(4)} - 2y''' + 2y'' = 0$

解答は p.157

解答 (1) 特性方程式は

㋐ ＿＿＿＿

これを解くと

㋓ ＿＿＿＿

これらの解より基本解をつくると

$\lambda =$ ㋔ ＿ (㋕ ＿ 重解) より

㋖ ＿＿＿＿

$\lambda =$ ㋗ ＿ (㋘ ＿ 重解) より

㋙ ＿＿＿＿

これより, 次の 3 つの関数が基本解となる.

㋚ ＿＿＿＿

ゆえに一般解は

㋛ ＿＿＿＿

[$f(\lambda) =$ ㋑ ＿＿＿＿ の因数分解]

㋒ ＿＿＿＿

(2) ㋜ ＿＿＿＿

非同次線形微分方程式

【1】 非同次線形微分方程式の解の構造

線形微分方程式

$$y^{(n)} + P_1(x)y^{(n-1)} + \cdots + P_{n-1}(x)y' + P_n(x)y = Q(x) \qquad \cdots ①$$

において $Q(x) \neq O(x)$ のとき，**非同次線形微分方程式**と言うのであった．

ここでは，この方程式の解法を学ぼう．

非同次方程式①に対応する同次方程式を

$$y^{(n)} + P_1(x)y^{(n-1)} + \cdots + P_{n-1}(x)y' + P_n(x)y = 0 \qquad \cdots ②$$

とする．

定理 2.3.1 　非同次線形微分方程式の一般解

非同次方程式①の 1 つの特殊解を $v(x)$，①に対応する同次方程式②の一般解を $Y(x)$ とすると，非同次方程式①の一般解は

$$y = Y(x) + v(x)$$

である．

$$V = \{y \mid y \text{ は同次方程式②の解}\}$$

$$U = \{y \mid y \text{ は非同次方程式①の解}\}$$

とおくと V は線形空間となっていたが，U は線形空間とはならない．しかしこの定理にあるように，V の元に①の特殊解 v を加えれば U の元が得られるので，集合 U は集合 V を関数 v だけ "ひっぱった" 感じになる． 【解説終】

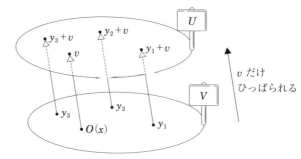

証明　同次方程式②の任意の解を $Y(x)$，非同次方程式①の特殊解を $v(x)$ とし

$$y = Y(x) + v(x) = Y + v$$

とおくと

$$y^{(n)} + P_1(x)y^{(n-1)} + \cdots + P_{n-1}(x)y' + P_n(x)y$$

$$= (Y+v)^{(n)} + P_1(x)(Y+v)^{(n-1)} + \cdots + P_{n-1}(x)(Y+v)' + P_n(x)(Y+v)$$

$$= \{Y^{(n)} + P_1(x)Y^{(n-1)} + \cdots + P_{n-1}(x)Y' + P_n(x)Y\}$$

$$\qquad + \{v^{(n)} + P_1(x)v^{(n-1)} + \cdots + P_{n-1}(x)v' + P_n(x)v\}$$

$$= 0 + Q(x) = Q(x)$$

ゆえに $y = Y + v$ は非同次方程式①の解である．また同次方程式②の任意の解 $Y(x)$ は基本解 $\{y_1, \cdots, y_n\}$ を使って

$$Y(x) = C_1 y_1 + \cdots + C_n y_n \qquad (C_1, \cdots, C_n：任意定数)$$

と書けていたので

$$y = (C_1 y_1 + \cdots + C_n y_n) + v$$

となる．これは任意定数を n 個含んでいるので非同次方程式①の一般解である．

【証明終】

非同次方程式の特殊解 v は無数にありますが
どの v を使っても

$$y = (C_1 y_1 + \cdots + C_n y_n) + v \qquad (C_1, \cdots, C_n：任意定数)$$

の形の関数全体は集合として同じものになります

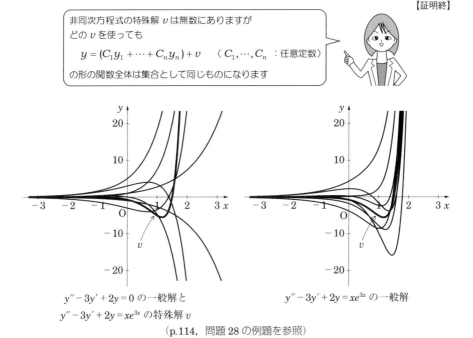

$y'' - 3y' + 2y = 0$ の一般解と
$y'' - 3y' + 2y = xe^{3x}$ の特殊解 v

$y'' - 3y' + 2y = xe^{3x}$ の一般解

（p.114，問題 28 の例題を参照）

【2】 定数係数 2 階非同次線形微分方程式の解き方

非同次方程式の中でも，もっとも簡単な定係数 2 階非同次線形微分方程式

$$y'' + ay' + by = Q(x) \qquad (a, b：定数) \qquad \cdots ①$$

の解法を学ぼう．

定理 2.3.1 (p.108) により，①に対する同次方程式

$$y'' + ay' + by = 0 \qquad \cdots ②$$

の一般解を $Y(x)$，①の特殊解を $v(x)$ とするとき，①の一般解は

$$y = Y(x) + v(x)$$

と書けた．また②の一般解は②の基本解 $\{y_1, y_2\}$ を使って

$$Y(x) = C_1 y_1 + C_2 y_2 \qquad (C_1, C_2：任意定数)$$

と書けていたので，

$$y = C_1 y_1 + C_2 y_2 + v(x)$$

が①の一般解となる．したがって①の特殊解 $v(x)$ をいかにみつけるかが問題となる．そこで特殊解 $v(x)$ の求め方を 2 つ紹介しよう．

A. 定数変化法

定理 2.3.2	定数係数 2 階非同次線形微分方程式の特殊解の公式

$\{y_1, y_2\}$ を同次方程式②の基本解とするとき

$$v(x) = -y_1 \int \frac{y_2 Q(x)}{W(y_1, y_2)} \, dx + y_2 \int \frac{y_1 Q(x)}{W(y_1, y_2)} \, dx$$

は非同次方程式①の特殊解である．ここで $W(y_1, y_2)$ は y_1 と y_2 のロンスキー行列式．

 解説　複雑な式だが，基本解を使った特殊解 $v(x)$ の"公式"である．

【解説終】

積分が入った
すごい式です

複雑そうな式ですが，
基本解 y_1 と y_2 の並び方に
注意すれば
すぐに覚えられますよ

| 証明 |

定数変化法を用いて①の特殊解 $v(x)$ を求める.

同次方程式②の一般解は

$$y = C_1 y_1 + C_2 y_2 \qquad (C_1, C_2：任意定数)$$

であった. この任意定数 C_1, C_2 を x の関数 $C_1(x), C_2(x)$ におきかえ,

$$v = C_1(x)\, y_1 + C_2(x)\, y_2$$

が非同次方程式①の解となるように $C_1(x), C_2(x)$ を決めてゆく（定数変化法）.

$$v' = \{C_1(x)\, y_1 + C_2(x)\, y_2\}' = \{C_1(x)\, y_1\}' + \{C_2(x)\, y_2\}'$$
$$= \{C_1'(x)\, y_1 + C_1(x)\, y_1'\} + \{C_2'(x)\, y_2 + C_2(x)\, y_2'\}$$
$$= \{C_1(x)\, y_1' + C_2(x)\, y_2'\} + \{C_1'(x)\, y_1 + C_2'(x)\, y_2\}$$

$$(f \cdot g)' = f' \cdot g + f \cdot g'$$

このまま微分して v'' を求めると複雑な式になってしまうので

$$C_1'(x)\, y_1 + C_2'(x)\, y_2 = 0 \qquad \cdots ③$$

と仮定しておくと

$$v' = C_1(x)\, y_1' + C_2(x)\, y_2'$$
$$v'' = \{C_1(x)\, y_1' + C_2(x)\, y_2'\}' = \{C_1(x)\, y_1'\}' + \{C_2(x)\, y_2'\}'$$
$$= \{C_1'(x)\, y_1' + C_1(x)\, y_1''\} + \{C_2'(x)\, y_2' + C_2(x)\, y_2''\}$$
$$= \{C_1(x)\, y_1'' + C_2(x)\, y_2''\} + \{C_1'(x)\, y_1' + C_2'(x)\, y_2'\}$$

これらを非同次方程式①に代入すると

$$v'' + av' + bv$$
$$= \{C_1(x)\, y_1'' + C_2(x)\, y_2''\} + \{C_1'(x)\, y_1' + C_2'(x)\, y_2'\}$$
$$\qquad + a\{C_1(x)\, y_1' + C_2(x)\, y_2'\} + b\{C_1(x)\, y_1 + C_2(x)\, y_2\}$$
$$= C_1(x)\, \{y_1'' + ay_1' + by_1\} + C_2(x)\, \{y_2'' + ay_2' + by_2\} + \{C_1'(x)\, y_1' + C_2'(x)\, y_2'\}$$

y_1, y_2 は同次方程式②の基本解なので

$$= C_1(x) \cdot 0 + C_2(x) \cdot 0 + \{C_1'(x)\, y_1' + C_2'(x)\, y_2'\} = C_1'(x)\, y_1' + C_2'(x)\, y_2'$$

これが①の右辺の $Q(x)$ に一致するように $C_1(x), C_2(x)$ を決めたい. つまり

$$C_1'(x)\, y_1' + C_2'(x)\, y_2' = Q(x)$$

これと前に定めた条件③と組み合わせて, $C_1'(x), C_2'(x)$ に関する連立方程式

$$(☆) \begin{cases} C_1'(x)\, y_1 + C_2'(x)\, y_2 = 0 \\ C_1'(x)\, y_1' + C_2'(x)\, y_2' = Q(x) \end{cases}$$

を考えよう. この係数行列式は y_1, y_2 に関する次のロンスキー行列式である.

$$W(y_1, y_2) = \begin{vmatrix} y_1 & y_2 \\ y_1' & y_2' \end{vmatrix}$$

（証明は次頁へつづく）

$\{y_1, y_2\}$ は線形独立なので，定理 2.2.2 (p.86) の (2) の対偶より $W(y_1, y_2) \neq O(x)$．
ゆえに (☆) にクラメールの公式 (p.78, 定理 2.0.1) を適用すれば，解 $C_1{}'(x)$, $C_2{}'(x)$ は

$$C_1{}'(x) = \frac{\begin{vmatrix} 0 & y_2 \\ Q(x) & y_2{}' \end{vmatrix}}{W(y_1, y_2)} = \frac{-y_2 Q(x)}{W(y_1, y_2)}$$

$$C_2{}'(x) = \frac{\begin{vmatrix} y_1 & 0 \\ y_1{}' & Q(x) \end{vmatrix}}{W(y_1, y_2)} = \frac{y_1 Q(x)}{W(y_1, y_2)}$$

$$\begin{vmatrix} \alpha & \beta \\ \gamma & \delta \end{vmatrix} = \alpha\delta - \beta\gamma$$

となる．ゆえに x で積分すれば

$$C_1(x) = -\int \frac{y_2 Q(x)}{W(y_1, y_2)}\, dx$$

$$C_2(x) = \int \frac{y_1 Q(x)}{W(y_1, y_2)}\, dx$$

v は
1 つ見つければよいので，
積分定数は
0 にしておきます

となる．これより，非同次方程式①の特殊解 v が次のように求まる．

$$v = C_1(x)\, y_1 + C_2(x)\, y_2$$

$$= -y_1 \int \frac{y_2 Q(x)}{W(y_1, y_2)}\, dx + y_2 \int \frac{y_1 Q(x)}{W(y_1, y_2)}\, dx$$

【証明終】

【2 階非同次線形微分方程式 $y'' + ay' + by = Q(x)$ の解き方 (定数変化法)】

手順 1. 同次方程式 $y'' + ay' + by = 0$ の基本解 $\{y_1, y_2\}$ を求める．

手順 2. 非同次方程式 $y'' + ay' + by = Q(x)$ の特殊解 $v(x)$ を，公式を使って求める．

$$v(x) = -y_1 \int \frac{y_2 Q(x)}{W(y_1, y_2)}\, dx + y_2 \int \frac{y_1 Q(x)}{W(y_1, y_2)}\, dx$$

手順 3. 一般解をつくる．

$$y = C_1 y_1 + C_2 y_2 + v(x) \qquad (C_1, C_2 : 任意定数)$$

Column お宝さがしも微分方程式で

　今日は，高校時代からの友人 M 氏から相談があると連絡があったので，H 教授は少し早めに約束の Café に出向き，いつもの珈琲を注文して M 氏を待った．そのうち彼が現れ，さっそく本題に入った．

　彼の母方の祖父が最近亡くなり，ちょっと困ったことになっているらしい．祖父の一族は先祖代々地主だったそうで，今でもかなりの土地を持っているそうだ．そのおじいさんは相当の偏屈者で，「勉強しないものには遺産はやらん」といつも言っていて，次のような書付が庭の図面と一緒に残っていたそうである．

> 　庭の築山のどこかに宝箱を埋めた．同封の地図はわしが設計した庭の百分の一の図面である．築山の高さは 2 m，頂上の座標を (0,0,2)，東西方向を x 軸，南北方向を y 軸，垂直方向を z 軸とすれば，築山はほぼ
> $$z = \frac{1}{25}(50 - x^2 - 2y^2)$$
> で表される曲面である．z=0 である灯篭のある築山の麓から出発し，築山の等高線に垂直になるように登り頂上に到達する道を見つけよ．その道の，灯篭からの高さ 1.25m のところに宝箱を埋めた．

　H 教授はさっそく胸ポケットから鉛筆と手帳と定規をとりだし，M 氏が持ってきた庭の図面のコピーに xy 軸を描きこみ灯篭の座標を調べたところ，x 座標はちょうど 5 だとわかった．そして何やら計算した後に，次のように言った．

　築山の等高線は C を 0 以上 2 以下のいろいろな値として

$$\frac{1}{25}(50 - x^2 - 2y^2) = C$$

という式で表される曲線群ということだね．この式を微分すれば 1 階の微分方程式が得られるから，y' が接線の傾きを表すことを利用して灯篭から築山の山頂までの等高線に垂直な上り道の曲線が描ける．この曲線は**直交軌道**と呼ばれている曲線だよ．

　そして，地図に小さめの楕円と放物線を描きこみ，交点に×印をつけて，

　「一件落着！」

と言って，おかわりの珈琲を注文した．

（求め方は p.162 参照）

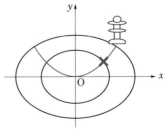

定数係数 2 階非同次線形微分方程式① （定数変化法を用いた解法Ⅰ）

例題

> 微分方程式 $y'' - 3y' + 2y = xe^{3x}$ を解こう.

∷ 解答 ∷ **手順 1.** $y'' - 3y' + 2y = 0$ の基本解を求める.

特殊解

$$v = -y_1 \int \frac{y_2 Q}{W} dx + y_2 \int \frac{y_1 Q}{W} dx$$

特性方程式をつくって解くと

$$\lambda^2 - 3\lambda + 2 = 0, \qquad (\lambda - 2)(\lambda - 1) = 0 \qquad \therefore \quad \lambda = 2, 1$$

ゆえに基本解は

$$y_1 = e^{2x}, \qquad y_2 = e^x$$

手順 2. $y'' - 3y' + 2y = xe^{3x}$ の特殊解 $v(x)$ を求める.

y_1, y_2 のロンスキー行列式から計算しておこう.

$$W(y_1, y_2) = \begin{vmatrix} e^{2x} & e^x \\ (e^{2x})' & (e^x)' \end{vmatrix} = \begin{vmatrix} e^{2x} & e^x \\ 2e^{2x} & e^x \end{vmatrix}$$

ロンスキー行列式

$$W(y_1, y_2) = \begin{vmatrix} y_1 & y_2 \\ y_1' & y_2' \end{vmatrix}$$

$$= e^{2x}e^x - 2e^x e^{2x} = -e^{3x}$$

$Q(x) = xe^{3x}$ なので

$$v(x) = -e^{2x} \int \frac{e^x x e^{3x}}{-e^{3x}} dx + e^x \int \frac{e^{2x} x e^{3x}}{-e^{3x}} dx$$

$$= e^{2x} \int xe^x dx - e^x \int xe^{2x} dx$$

部分積分

$$\int f' \cdot g \, dx = f \cdot g - \int f \cdot g' \, dx$$

部分積分を行って

$$= e^{2x} \left(xe^x - \int e^x dx \right) - e^x \left(\frac{1}{2} xe^{2x} - \frac{1}{2} \int e^{2x} dx \right)$$

$$= e^{2x}(xe^x - e^x) - e^x \left(\frac{1}{2} xe^{2x} - \frac{1}{4} e^{2x} \right)$$

$$= \frac{1}{2} xe^{3x} - \frac{3}{4} e^{3x} = \frac{e^{3x}}{4}(2x - 3)$$

一般解の曲線群は p.109 にあります

手順 3. ゆえに求める一般解は

$$y = C_1 e^{2x} + C_2 e^x + \frac{e^{3x}}{4}(2x - 3) \qquad (C_1, C_2 : 任意定数)$$

【解終】

解説

$y_1 = e^x, \; y_2 = e^{2x}$ とおいてもよい. そのときは $W(y_1, y_2) = e^{3x}$ となるが $v(x)$ は同じになる. 以下の問題についても同様.

【解説終】

POINT 関連する同次方程式の基本解と定数変化法で得られる特殊解(p.110 定理 2.3.2)を用いて，一般解を求める

演習 28

微分方程式 $y''+2y'+y=xe^{-x}$ を解こう.　解答は p.158

解 答　手順 1.　$y''+2y'+y=0$ の基本解を求める.

特性方程式をつくって解くと

㋐［　　　　　　　　］

ゆえに基本解は

$y_1=$ ㋑［　　］,　　$y_2=$ ㋒［　　］

手順 2.　特殊解 $v(x)$ を求める.

$W(y_1, y_2)=$ ㋓［　　　　　　　　］

$Q(x)=$ ㋔［　　］

$\therefore$　$v(x)=-$ ㋕［　　］$\int \dfrac{㋖［　　］㋗［　　］}{㋘［　　］}dx$

$+$ ㋙［　　］$\int \dfrac{㋚［　　］㋛［　　］}{㋜［　　］}dx$

$=$ ㋝［　　　　　　　　］

積分定数は
0 でよいですよ

手順 3.　ゆえに一般解は

$y=$ ㋞［　　　　　　　　］

【解終】

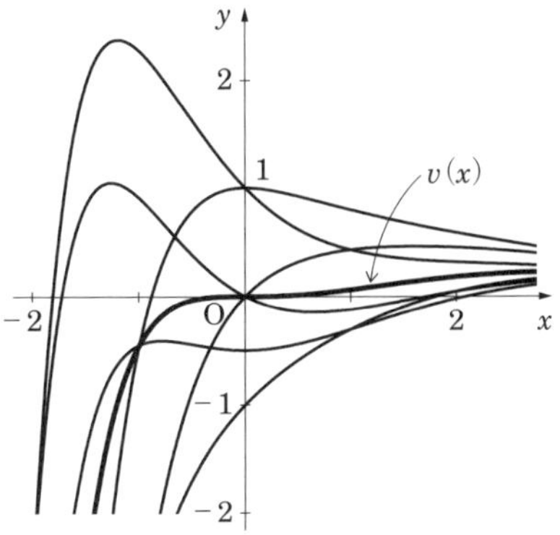

y
2
1
v(x)
−2
O
2
x
−1
−2

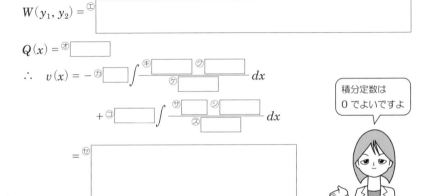

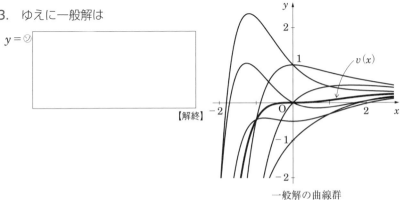

一般解の曲線群

定数係数 2 階非同次線形微分方程式②（定数変化法を用いた解法Ⅱ）

例題

微分方程式 $y'' + y = \dfrac{1}{\cos x}$ を解こう.

:: 解答 ::　**手順1.**　$y'' + y = 0$ の基本解を求めよう.

特性方程式をつくって解くと

$$\lambda^2 + 1 = 0 \qquad \therefore \quad \lambda = \pm i$$

ゆえに基本解は

$$y_1 = \cos x, \qquad y_2 = \sin x$$

特殊解の公式

$$v = -y_1 \int \frac{y_2 Q}{W} \, dx + y_2 \int \frac{y_1 Q}{W} \, dx$$

> 特殊解の公式に
> 少し慣れてきましたね

手順2.　特殊解 $v(x)$ を計算する.

$$W(y_1, y_2) = \begin{vmatrix} \cos x & \sin x \\ (\cos x)' & (\sin x)' \end{vmatrix} = \begin{vmatrix} \cos x & \sin x \\ -\sin x & \cos x \end{vmatrix}$$

$$= \cos x \cdot \cos x - (-\sin x \cdot \sin x) = \cos^2 x + \sin^2 x = 1$$

$$Q(x) = \frac{1}{\cos x}$$

$$\therefore \quad v(x) = -\cos x \int \frac{\sin x \cdot \dfrac{1}{\cos x}}{1} \, dx + \sin x \int \frac{\cos x \cdot \dfrac{1}{\cos x}}{1} \, dx$$

$$= \cos x \int \frac{-\sin x}{\cos x} \, dx + \sin x \int 1 \, dx$$

$$= \cos x \cdot \log|\cos x| + \sin x \cdot x$$

$$= \cos x \cdot \log|\cos x| + x \sin x$$

$$\int \frac{f'}{f} \, dx = \log|f| + C$$

手順3.　ゆえに一般解は

$$y = C_1 \cos x + C_2 \sin x$$
$$+ \cos x \cdot \log|\cos x| + x \sin x$$
$$= (C_1 + \log|\cos x|) \cos x$$
$$+ (C_2 + x) \sin x$$

$$(C_1, C_2 : 任意定数)$$

【解終】

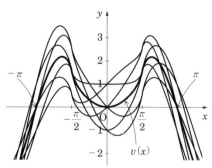

$$y = (C_1 + \log|\cos x|) \cos x + (C_2 + x) \sin x$$
の曲線群

演習 29

微分方程式 $y'' + 4y = \sin x$ を解こう.　　　　　　　　解答は p.158

●● **解答** ●●　手順 1.　$y'' + 4y = 0$ の基本解を求める.

特性方程式をつくって解くと　㋐ [　　　　　　　　　　　]

これより基本解は　$y_1 = $ ㋑ [　　　　]，　　$y_2 = $ ㋒ [　　　　]

手順 2.　$y'' + 4y = \sin x$ の特殊解 $v(x)$ を求める.

$$W(y_1, y_2) = \text{㋓ [　　　　　　　　　　　　　　]}$$

$$Q(x) = \text{㋔ [　　　]}$$

なので $v(x)$ は

$$v(x) = \text{㋕ [　　　　　　　　　　　　　　　　]}$$

手順 3.　ゆえに一般解は

$$y = \text{㋖ [　　　　　　　　　　　　　　]}$$

【解終】

$$\sin\alpha\sin\beta = -\frac{1}{2}\{\cos(\alpha+\beta) - \cos(\alpha-\beta)\}$$

$$\cos\alpha\sin\beta = \frac{1}{2}\{\sin(\alpha+\beta) - \sin(\alpha-\beta)\}$$

$$\sin(\alpha+\beta) = \sin\alpha\cos\beta + \cos\alpha\sin\beta$$

$$\sin(\alpha-\beta) = \sin\alpha\cos\beta - \cos\alpha\sin\beta$$

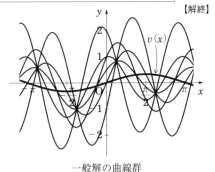

一般解の曲線群

B. 未定係数法

　定数変化法を使って導いた特殊解の公式はかなり複雑である. そこで, もう1つの特殊解の求め方を紹介しよう. この方法は, 特殊解の形がある程度予測できるときの方法である.

　$e^{\alpha x}$, x^m, $\sin\beta x$, $\cos\beta x$ などは, 微分してもそれほど関数の形は変わらない. もし $Q(x)$ がこれらの関数で構成されていれば, 非同次方程式

$$y'' + ay' + by = Q(x) \qquad \cdots (*)$$

の特殊解 $v(x)$ の形をある程度予測することができる. ただし, 同次方程式

$$y'' + ay' + by = 0 \qquad \cdots (**)$$

の解, 特に基本解の1つまたはその定数倍の関数 v は

$$v'' + av' + bv = 0$$

となり ($*$) の特殊解とはなり得ないので, $Q(x)$ と特性方程式の解との関係に注意が必要となる.

　その $Q(x)$ と特性方程式の解との関係, および特殊解 $v(x)$ の形を右頁の表に示してある. このように, 解を予測し方程式 ($*$) をみたすように定数 A, B, $\cdots$ を決める方法を**未定係数法**という.

【2階非同次線形微分方程式 $y'' + ay' + by = Q(x)$ の解き方（未定係数法）】

手順1. 同次方程式 $y'' + ay' + by = 0$ の基本解 $\{y_1, y_2\}$ を求める.

手順2. 非同次方程式 $y'' + ay' + by = Q(x)$ の特殊解 $v(x)$ を未定係数法で求める.

　$Q(x)$ と特性方程式の解との関係から $v(x)$ の形を予測し, 係数を決定する.

手順3. 一般解をつくる.

$$y = C_1 y_1 + C_2 y_2 + v(x)$$

$$(C_1, C_2 : 任意定数)$$

$Q(x)$ が
多項式, 指数関数, 三角関数
から構成されているときに
使えます

特殊解 $v(x)$ の形

$Q(x)$	λ：特性方程式の解	特殊解 $v(x)$ の形
$ke^{\alpha x}$	$\lambda \neq \alpha$ $\lambda = \alpha\,(1\,\text{重解})$ $\lambda = \alpha\,(2\,\text{重解})$	$Ae^{\alpha x}$ $Axe^{\alpha x}$ $Ax^2 e^{\alpha x}$
$k\cos\beta x$ または $k\sin\beta x$	$\lambda \neq i\beta$ $\lambda = i\beta$	$A\cos\beta x + B\sin\beta x$ $x(A\cos\beta x + B\sin\beta x)$
kx^m	$\lambda \neq 0$ $\lambda = 0\,(1\,\text{重解})$ $\lambda = 0\,(2\,\text{重解})$	$A_m x^m + A_{m-1}x^{m-1} + \cdots + A_1 x + A_0$ $x(A_m x^m + A_{m-1}x^{m-1} + \cdots + A_1 x + A_0)$ $x^2(A_m x^m + A_{m-1}x^{m-1} + \cdots + A_1 x + A_0)$
$kx^m e^{\alpha x}$	$\lambda \neq \alpha$ $\lambda = \alpha\,(1\,\text{重解})$ $\lambda = \alpha\,(2\,\text{重解})$	$e^{\alpha x}(A_m x^m + A_{m-1}x^{m-1} + \cdots + A_1 x + A_0)$ $xe^{\alpha x}(A_m x^m + A_{m-1}x^{m-1} + \cdots + A_1 x + A_0)$ $x^2 e^{\alpha x}(A_m x^m + A_{m-1}x^{m-1} + \cdots + A_1 x + A_0)$
$ke^{\alpha x}\cos\beta x$ または $ke^{\alpha x}\sin\beta x$	$\lambda \neq \alpha \pm i\beta$ $\lambda = \alpha \pm i\beta$	$e^{\alpha x}(A\cos\beta x + B\sin\beta x)$ $xe^{\alpha x}(A\cos\beta x + B\sin\beta x)$
$kx^m e^{\alpha x}\cos\beta x$ または $kx^m e^{\alpha x}\sin\beta x$	$\lambda \neq \alpha \pm i\beta$ $\lambda = \alpha \pm i\beta$	$e^{\alpha x}\{(A_m x^m + \cdots + A_0)\cos\beta x$ $\quad + (B_m x^m + \cdots + B_0)\sin\beta x\}$ $xe^{\alpha x}\{(A_m x^m + \cdots + A_0)\cos\beta x$ $\quad + (B_m x^m + \cdots + B_0)\sin\beta x\}$

$Q(x)$ の式の形から
特殊解 $v(x)$ の形は
だいたい予測できますが

基本解とは異なるように
$v(x)$ の形を
つくる必要があります

問題 30　定数係数 2 階非同次線形微分方程式③（未定係数法を用いた解法 I）

例題

微分方程式 $y'' + 4y' + 3y = 3e^{2x}$ を解こう.

❖ 解答 ❖　**手順 1.**　$y'' + 4y' + 3y = 0$ の基本解を求めよう.

特性方程式をつくって解くと

$$\lambda^2 + 4\lambda + 3 = 0, \qquad (\lambda + 3)(\lambda + 1) = 0 \qquad \therefore \quad \lambda = -3, \; -1$$

ゆえに基本解は

$$y_1 = e^{-3x}, \qquad y_2 = e^{-x}$$

手順 2.　未定係数法で特殊解 $v(x)$ をみつけよう.

$Q(x) = 3e^{2x}$ で $\alpha = 2$ は特性方程式の解ではない
（つまり e^{2x} は基本解の中に入っていない）ので

$$v(x) = Ae^{2x}$$

とおく.

> p.119にある
> 特殊解 $v(x)$ の形も
> 参考にしてください

$$v'(x) = 2Ae^{2x}, \qquad v''(x) = 4Ae^{2x}$$

なので，方程式の左辺に代入すると

$$v'' + 4v' + 3v = 4Ae^{2x} + 4 \cdot 2Ae^{2x} + 3Ae^{2x}$$
$$= 15Ae^{2x}$$

これが $Q(x) = 3e^{2x}$ に一致するように A を定める.

$$15Ae^{2x} = 3e^{2x} \qquad より \qquad A = \frac{1}{5}$$

$$\therefore \quad v(x) = \frac{1}{5}e^{2x}$$

手順 3.　したがって一般解は

$$y = C_1 e^{-3x} + C_2 e^{-x} + \frac{1}{5}e^{2x}$$

$$(C_1, C_2 : 任意定数)$$

【解終】

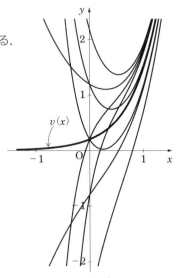

$y = C_1 e^{-3x} + C_2 e^{-x} + \dfrac{1}{5}e^{2x}$ の曲線群

POINT 特性方程式の解の種類に従って，p.119 の特殊解の形を用いて係数を決定し，一般解を得る

演習 30

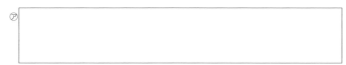

微分方程式 $y''-4y'+3y=10\sin x$ を解こう． 解答は p.158

解答 手順 1． $y''-4y'+3y=0$ の基本解を求める．

㋐ [ ]

手順 2． 未定係数法で特殊解 $v(x)$ をみつける．

$Q(x)=$ ㋑ [ ] であり，$\alpha+i\beta=$ ㋒ [ ] $+i$ ㋓ [ ] $=i$ は特性方程式の解ではない（つまり ㋔ [ ] は基本解の中に入っていない）ので

$v(x)=$ ㋕ [ ]

とおくと

$v'(x)=$ ㋖ [ ]

$v''(x)=$ ㋗ [ ]

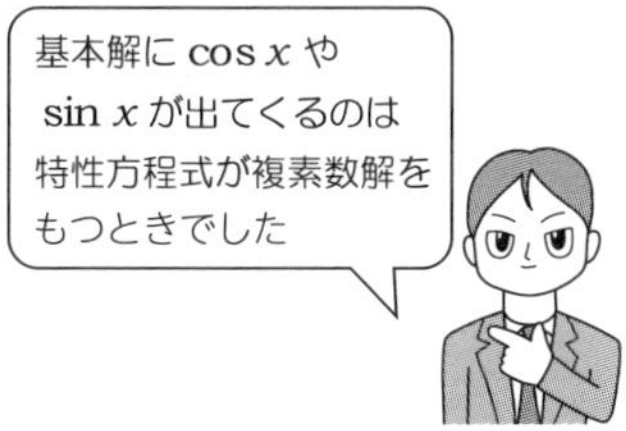
基本解に cos x や sin x が出てくるのは特性方程式が複素数解をもつときでした

なので，方程式の左辺に代入すると

$v''-4v'+3v=$ ㋘ [ ]

$=$ ㋙ [ ] $\cos x+$ ㋚ [ ] $\sin x$

これが $Q(x)=$ ㋛ [ ] に一致するように定数を定める．

$\cos x$ と $\sin x$ の係数を比較すると

㋜ [ ]

これを解くと

㋝ [ ]

ゆえに

$v(x)=$ ㋞ [ ]

手順 3． 以上より一般解は

㋟ [ ]

【解終】

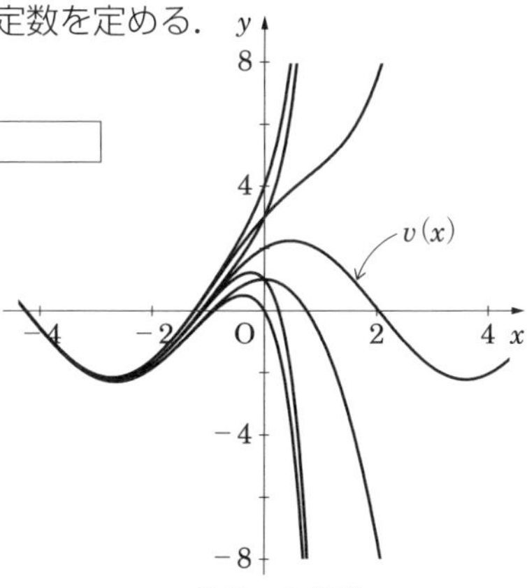
y
8
4
−4
−8
−4
−2
O
2
4
x
v(x)
一般解の曲線群

定数係数 2 階非同次線形微分方程式④
（未定係数法を用いた解法 II ）

例題

> 微分方程式 $y'' - 5y' = 5x^2$ を解こう.

解答 手順1. $y'' - 5y' = 0$ の基本解を求めよう.

特性方程式をつくって解くと $\lambda^2 - 5\lambda = 0,$ $\lambda(\lambda - 5) = 0,$ $\lambda = 0, 5$
ゆえに基本解は $y_1 = e^{0x} = 1,$ $y_2 = e^{5x}.$

手順2. 未定係数法で特殊解 $v(x)$ をみつけよう.

$Q(x) = 5x^2 = 5x^2 \cdot 1.$ そして $\lambda = 0$ は特性方程式の
（1重）解（つまり 1 は基本解に含まれている）なので

$$v(x) = x(A_2 x^2 + A_1 x + A_0)$$

$\lambda = 0$ に対応する
基本解は
$$e^{0x} = 1$$
でした

とおく. これを方程式の左辺に代入し，計算して
$5x^2$ になるように A_0, A_1, A_2 を定めればよい.

$$v(x) = A_2 x^3 + A_1 x^2 + A_0 x$$
$$v'(x) = 3A_2 x^2 + 2A_1 x + A_0$$
$$v''(x) = 6A_2 x + 2A_1$$
$$\therefore\quad v'' - 5v' = (6A_2 x + 2A_1) - 5(3A_2 x^2 + 2A_1 x + A_0)$$
$$= -15A_2 x^2 + (6A_2 - 10A_1)x + (2A_1 - 5A_0)$$

これが $5x^2$ になるためには

$$-15A_2 = 5, \qquad 6A_2 - 10A_1 = 0, \qquad 2A_1 - 5A_0 = 0$$

これより $A_2 = -\dfrac{1}{3},$ $A_1 = -\dfrac{1}{5},$ $A_0 = -\dfrac{2}{25}$

$$\therefore\quad v(x) = x\left(-\frac{1}{3}x^2 - \frac{1}{5}x - \frac{2}{25}\right)$$
$$= -x\left(\frac{1}{3}x^2 + \frac{1}{5}x + \frac{2}{25}\right)$$

手順3. 一般解は

$$y = C_1 + C_2 e^{5x} - x\left(\frac{1}{3}x^2 + \frac{1}{5}x + \frac{2}{25}\right)$$
$$(C_1, C_2 : 任意定数)$$

【解終】

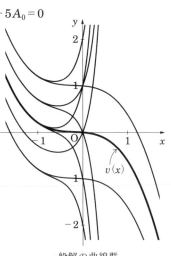

一般解の曲線群

POINT 特性方程式の解の種類に従って，p.119 の特殊解の形を用いて係数を決定し，一般解を得る

演習 31

微分方程式 $y'' - 2y' + y = xe^x$ を解こう. 解答は p.159

解答 手順 1. $y'' - 2y' + y = 0$ の基本解を求める.

㋐

手順 2. 未定係数法で特殊解 $v(x)$ を求める.

$Q(x) = xe^x$ は基本解に含まれているので次のようにおく.

$v(x) =$ ㋑

$v'(x)$, $v''(x)$ を求めると

$v'(x) =$ ㋒

$v''(x) =$ ㋓

これより

$v''(x) - 2v'(x) + v(x)$

$=$

$=$ ㋔

㋔が微分方程式の右辺と一致するように定数を定めると

㋕

$\therefore \quad v(x) =$ ㋖

手順 3. これより一般解は

$y =$ ㋗

【解終】

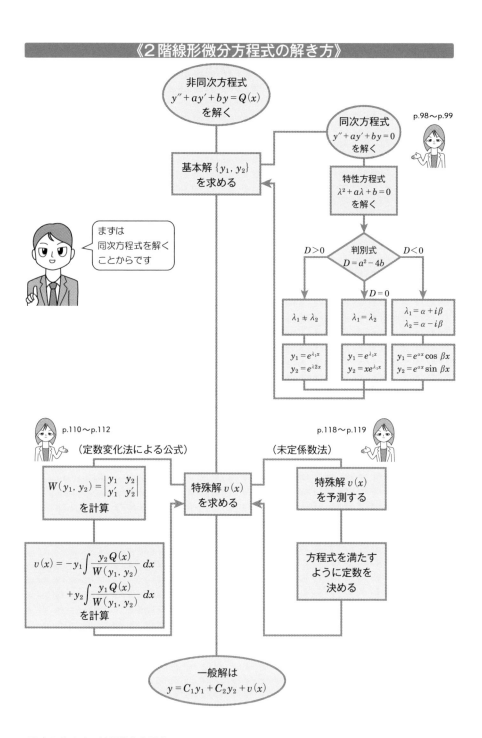

《2階線形微分方程式の解き方》

非同次方程式
$y'' + ay' + by = Q(x)$
を解く

同次方程式
$y'' + ay' + by = 0$
を解く

p.98〜p.99

基本解 $\{y_1, y_2\}$
を求める

特性方程式
$\lambda^2 + a\lambda + b = 0$
を解く

まずは
同次方程式を解く
ことからです

判別式
$D = a^2 - 4b$

$D > 0$

$D = 0$

$D < 0$

$\lambda_1 \neq \lambda_2$

$\lambda_1 = \lambda_2$

$\lambda_1 = \alpha + i\beta$
$\lambda_2 = \alpha - i\beta$

$y_1 = e^{\lambda_1 x}$
$y_2 = e^{\lambda_2 x}$

$y_1 = e^{\lambda_1 x}$
$y_2 = xe^{\lambda_1 x}$

$y_1 = e^{\alpha x}\cos \beta x$
$y_2 = e^{\alpha x}\sin \beta x$

p.110〜p.112

（定数変化法による公式）

p.118〜p.119

（未定係数法）

$W(y_1, y_2) = \begin{vmatrix} y_1 & y_2 \\ y_1' & y_2' \end{vmatrix}$
を計算

特殊解 $v(x)$
を求める

特殊解 $v(x)$
を予測する

$v(x) = -y_1 \displaystyle\int \frac{y_2 Q(x)}{W(y_1, y_2)}\, dx$
$+ y_2 \displaystyle\int \frac{y_1 Q(x)}{W(y_1, y_2)}\, dx$
を計算

方程式を満たす
ように定数を
決める

一般解は
$y = C_1 y_1 + C_2 y_2 + v(x)$

Column   オイラー（1707 ～ 1783）

皆さんは数学を学んでいるときに，一度はオイラーの名前を聞いたことがあることでしょう.

レオナルド・オイラーはスイスのバーゼルで生まれました．牧師であった彼の父は数学者を多く輩出しているベルヌーイ一族（p.47 参照）と親交があったため彼も数学に興味を持ち，バーゼル大学において数学の他，神学，物理学，天文学，医学などを修めました．卒業後ペテルスブルグの学士院の物理学や数学の教授となりましたが，過労のため右目の視力を失ってしまいました．その後ベルリンの学士院の数学部長となった後，再びペテルスブルグの学士院に戻ってきましたが，このときには左眼も視力を失っていました．しかし弟子の協力を得て，盲目にもかかわらず最後まで精力的な研究活動を続け，輝かしい生涯を終えました．彼の研究は数論，代数学，級数論，代数解析，微分積分学，変分法，解析幾何学，確率論，力学，流体力学などに及び，45 冊の著作と数学だけでも 700 篇以上の論文を残したのです.

彼の名は，多面体に関するオイラーの公式，複素関数におけるオイラーの公式，オイラー積分，オイラーグラフなどたくさんあります．また彼が考案した円周率 π，自然対数の底 e，虚数単位 i などの数学記号は私たちが数学を学んでいるときよく顔を出しますね.

微分方程式に関していえば，現在理系学部の 1 年次または 2 年次で学ぶ「微分方程式」の教科書に掲載されている微分方程式の解法は彼によるところが大なのです．オイラーの有名な論文「微分法」「積分法」全 4 巻にはその時代までに研究された微分積分の手法が述べられ，微分方程式の解法についても載っています．積分因子の使用，定係数高次線形微分方程式の体系的解法，線形同次方程式と線形非同次方程式の区別，一般解と特殊解の区別などはオイラーのこの分野への貢献の代表的なものです．もちろん本書にも載っているオイラーの方程式（p.126 ～）も彼の名の付いた微分方程式です.

オイラーの公式
$$e^{\pi i} = -1$$

特別な数値だけで構成された神秘的な式なのです

オイラーの方程式

変数係数の線形微分方程式の例としてオイラーの方程式を紹介しよう.

$a_1, \cdots, a_n$ を定数とするとき

$$x^n y^{(n)} + a_1 x^{n-1} y^{(n-1)} + \cdots + a_{n-1} xy' + a_n y = Q(x)$$

の形の微分方程式を**オイラーの（微分）方程式**という.

この方程式は

$$x = e^t \qquad \text{または} \qquad x = -e^t$$

とおいて独立変数 x を t に変換することにより，定数係数線形微分方程式に帰着させることができる.

$n = 2$ の場合に計算してみよう. 簡単のため $x > 0$ としておく.

オイラーの方程式

$$x^2 y'' + axy' + by = Q(x) \qquad (a, b \text{ は定数}) \qquad \cdots (\#)$$

において

$$x = e^t$$

とおく. 両辺を x で微分すると

$$1 = e^t \cdot \frac{dt}{dx} \qquad\qquad \therefore \quad \frac{dt}{dx} = e^{-t}$$

したがって

$$y' = \frac{dy}{dx} = \frac{dy}{dt}\frac{dt}{dx} = \frac{dy}{dt} e^{-t}$$

$$y'' = \frac{d}{dx}\left\{\frac{dy}{dt} e^{-t}\right\} = \frac{d}{dt}\left\{\frac{dy}{dt} e^{-t}\right\} \frac{dt}{dx}$$

$$= \left\{\frac{d}{dt}\left(\frac{dy}{dt}\right) e^{-t} + \frac{dy}{dt}\frac{d}{dt}(e^{-t})\right\} \frac{dt}{dx}$$

$$= \left\{\frac{d^2 y}{dt^2} e^{-t} + \frac{dy}{dt}(-e^{-t})\right\} e^{-t} = \left(\frac{d^2 y}{dt^2} - \frac{dy}{dt}\right) e^{-2t}$$

> **合成関数の微分法**
>
> $$\frac{dy}{dx} = \frac{dy}{dt}\frac{dt}{dx}$$
>
> $$(f \cdot g)' = f' \cdot g + f \cdot g'$$

これより

$$e^t y' = \frac{dy}{dt} \,, \qquad e^{2t} y'' = \frac{d^2 y}{dt^2} - \frac{dy}{dt}$$

ここで

$$\frac{dy}{dt} = \dot{y}, \qquad \frac{d^2 y}{dt^2} = \ddot{y}$$

とかくことにすると，$x = e^t$ だったので

$$xy' = \dot{y}$$
$$x^2 y'' = \ddot{y} - \dot{y}$$

となる．これを（#）に代入して整理すると

$$(\ddot{y} - \dot{y}) + a\dot{y} + by = Q(e^t)$$
$$\ddot{y} + (a-1)\dot{y} + by = Q(e^t)$$

これは定数係数 2 階線形微分方程式なので，解くことができる．

$x = e^t$ とおくと
係数にある x が
うまく消えました

【オイラーの方程式 $x^2 y'' + axy' + by = Q(x)\,(x>0)$ の解法の手順】

手順 1．　$x = e^t$ とおくと

$$xy' = \dot{y}, \qquad x^2 y'' = \ddot{y} - \dot{y}$$

なので，方程式に代入し，定数係数線形微分方程式に直す．

手順 2．　定数係数線形微分方程式を解く
（解は t についての関数）．

手順 3．　$x = e^t$（または $t = \log x$）を用い
て，解を x についての関数に戻す．

$\dot{y}$ は "ワイドット"
$\ddot{y}$ は "ワイツードット"
とよみます．
物理などでは
よく使われる記号です．

同次方程式であるオイラーの方程式

例題

次のオイラーの方程式を解こう.
(1) $x^2y'' + 4xy' + 2y = 0 \ (x > 0)$ (2) $x^2y'' + xy' + 4y = 0 \ (x > 0)$

:: 解 答 :: (1) 手順 1. $x = e^t$ とおくと

$$xy' = \dot{y}, \qquad x^2y'' = \ddot{y} - \dot{y}$$

なので代入して整理すると

$$(\ddot{y} - \dot{y}) + 4\dot{y} + 2y = 0$$

$$\ddot{y} + 3\dot{y} + 2y = 0$$

手順 2. 上の方程式を解こう.

特性方程式をつくって解くと

$$\lambda^2 + 3\lambda + 2 = 0$$

$$(\lambda + 2)(\lambda + 1) = 0$$

$$\lambda = -2, -1$$

ゆえに基本解は

$$y_1 = e^{-2t}, \qquad y_2 = e^{-t}$$

となり, 一般解は

$$y = C_1 e^{-2t} + C_2 e^{-t}$$

手順 3. $x = e^t$ なので求める一般解は

$$y = C_1 x^{-2} + C_2 x^{-1}$$

$$\therefore \quad y = \frac{C_1}{x^2} + \frac{C_2}{x}$$

$$(C_1, C_2 : 任意定数)$$

(2) 手順 1. $x = e^t$ とおくと

$$xy' = \dot{y}, \qquad x^2y'' = \ddot{y} - \dot{y}$$

なので代入して整理すると

$$(\ddot{y} - \dot{y}) + \dot{y} + 4y = 0$$

$$\ddot{y} + 4y = 0$$

手順 2. 上の方程式を解く.

特性方程式をつくって解くと

$$\lambda^2 + 4 = 0$$

$$\lambda^2 = -4$$

$$\lambda = \pm 2i$$

ゆえに基本解は

$$y_1 = \cos 2t, \qquad y_2 = \sin 2t$$

なので, 一般解は

$$y = C_1 \cos 2t + C_2 \sin 2t$$

手順 3. $x = e^t$ なので $t = \log x$.

手順 2 で求めた解に代入すると

$$y = C_1 \cos(2\log x) + C_2 \sin(2\log x)$$

$$(C_1, C_2 : 任意定数)$$

これが求める一般解. 【解終】

$x = e^t$ とおくと
$$xy' = \dot{y}, \quad x^2y'' = \ddot{y} - \dot{y}$$

$$\dot{y} = \frac{dy}{dt}, \quad \ddot{y} = \frac{d^2y}{dt^2}$$

$y'' + ay' + by = 0$ の解き方を
忘れてしまったら,
p.99 や p.124 の
フローチャートを見ましょう

POINT $x=e^t$ とおいて，定数係数 2 階同次線形微分方程式に直して解く

演習 32

次のオイラーの方程式を解こう．

(1)　$x^2y''+3xy'+y=0$ $(x>0)$　　(2)　$x^2y''+y=0$ $(x>0)$

解答は p.159

解答　(1)　手順 1.　$x=e^t$ とおくと

$xy'=$ ㋐ ［　］，　$x^2y''=$ ㋑ ［　　］

なので方程式に代入すると

㋒ ［　　　　］

手順 2.　求まった方程式を解く．

特性方程式を解くと

㋓ ［　　　　］

ゆえに基本解は

㋔ ［　　　　］

一般解は

㋕ ［　　　　］

手順 3.　$x=e^t$ なので

$t=$ ㋖ ［　　］

これを代入すると一般解が求まる．

㋗ ［　　　　］

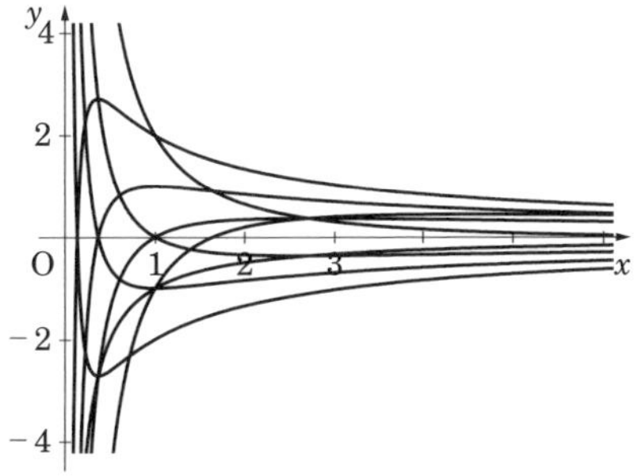

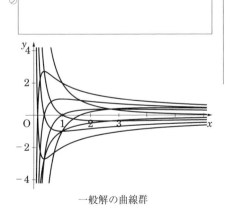

一般解の曲線群

(2)　手順 1.　$x=e^t$ とおくと

㋘ ［　　　　］

手順 2.　求まった方程式を解くと

㋙ ［　　　　］

手順 3.　t をもとに戻して一般解を求めると

㋚ ［　　　　］

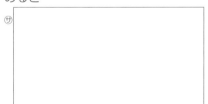

【解終】

手順 2 の微分方程式の解は
t の関数ですので，
基本解と一般解を
つくるときは
気をつけてください

非同次方程式であるオイラーの方程式

例題

オイラーの方程式 $x^2 y'' - 5xy' + 9y = x$ $(x > 0)$ を解こう.

🔹解答🔹 今度は非同次の微分方程式.

手順1. $x = e^t$ とおくと

$$xy' = \dot{y}, \qquad x^2 y'' = \ddot{y} - \dot{y}$$

なので方程式に代入すると

$$(\ddot{y} - \dot{y}) - 5\dot{y} + 9y = e^t$$

$$\ddot{y} - 6\dot{y} + 9y = e^t \qquad \cdots (\circledast)$$

手順2. これを解く.

特性方程式をつくって解くと

$$\lambda^2 - 6\lambda + 9 = 0$$

$$(\lambda - 3)^2 = 0, \qquad \lambda = 3 \quad (重解)$$

ゆえに基本解は

$$y_1 = e^{3t}, \qquad y_2 = te^{3t}$$

次に $(\circledast)$ の特殊解 $v(t)$ を求めなくてはいけない. $(\circledast)$ の右辺 e^t は基本解に含まれてはいないので

$$v(t) = Ae^t$$

とおいて未定係数法で求めよう.

$$v' = Ae^t$$

$$v'' = Ae^t$$

なので $(\circledast)$ に代入して A を求めると

$$Ae^t - 6Ae^t + 9Ae^t = e^t$$

$$4Ae^t = e^t, \quad 4A = 1$$

$$A = \frac{1}{4}$$

ゆえに

$$v(t) = \frac{1}{4} e^t$$

$x = e^t$ とおくと
$xy' = \dot{y}, \quad x^2 y'' = \ddot{y} - \dot{y}$

$\dot{y} = \dfrac{dy}{dt}, \quad \ddot{y} = \dfrac{d^2 y}{dt^2}$

したがって $(\circledast)$ の一般解は

$$y = C_1 e^{3t} + C_2 te^{3t} + \frac{1}{4} e^t$$

手順3. $x = e^t$, $t = \log x$ なので, x の関数に戻すと

$$y = C_1 x^3 + C_2 (\log x) x^3 + \frac{1}{4} x$$

ゆえに一般解は

$$y = C_1 x^3 + C_2 x^3 \log x + \frac{1}{4} x$$

$$(C_1, C_2 : 任意定数)$$

【解終】

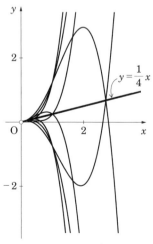

$y = C_1 x^3 + C_2 x^3 \log x + \dfrac{1}{4} x$ の曲線群

POINT $x = e^t$ とおき，定数係数 2 階非同次線形微分
方程式に直して解く

演習 33

> オイラーの方程式 $x^2 y'' - x y' + 3y = x^2$ $(x > 0)$ を解こう.
>
> 解答は p.160

◼◼ **解答** ◼◼ **手順 1.** $x = e^t$ とおき，方程式をかき直す.

㋐

手順 2. 得られた定数係数微分方程式を解く.

㋑

手順 3. 求まった一般解を x の関数にもどす.

㋒

【解終】

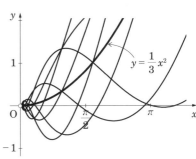

一般解の曲線群

連立線形微分方程式

　ここでは，t を独立変数とし t で関連付けられた 2 つの t の関数

$$(\natural)\begin{cases} x = x(t) \\ y = y(t) \end{cases}$$

について考える．これらの式から t を消去すれば x と y の関係式が得られる．つまり，$(\natural)$ は t をパラメータとする曲線のパラメータ表示に他ならない．

今，$(\natural)$ で表された関数が微分を使った関係式

$$(\sharp)\begin{cases} \dfrac{dx}{dt} = \alpha x + \beta y \\[2mm] \dfrac{dy}{dt} = \gamma x + \delta y \end{cases} \qquad (\alpha,\ \beta,\ \gamma,\ \delta \ \text{は定数})$$

を持っているとしよう．

　一般に，n 個の t の関数

$$x_1 = x_1(t),\ x_2 = x_2(t),\ \cdots,\ x_n = x_n(t)$$

について，各関数の導関数が $x_1,\ \cdots,\ x_n$ の 1 次式で表されている

$$\begin{cases} \dfrac{dx_1}{dt} = \alpha_{11} x_1 + \alpha_{12} x_2 + \cdots + \alpha_{1n} x_n + \beta_1 \\ \vdots \qquad\qquad\qquad \vdots \\ \dfrac{dx_n}{dt} = \alpha_{n1} x_1 + \alpha_{n2} x_2 + \cdots + \alpha_{nn} x_n + \beta_n \end{cases} \quad (\alpha_{ij}:\text{定数},\ 1 \leqq i, j \leqq n)$$

の形の微分方程式を**連立線形微分方程式**という．$(\sharp)$ は $n = 2$ の場合で，定数項が 0 であるもっとも簡単な場合であるが $(\sharp)$ の解法がそのまま一般の解法につながる場合が多いので，本書では $(\sharp)$ の解法を紹介していく．

　ここでも t についての微分を

$$\dot{x},\ \ddot{x},\ \dot{y},\ \ddot{y}$$

と表すことにする．

$$\dot{x} = \frac{dx}{dt},\quad \ddot{x} = \frac{d^2 x}{dt^2}$$

$$\dot{y} = \frac{dy}{dt},\quad \ddot{y} = \frac{d^2 y}{dt^2}$$

① 代入法

　この方法は未知関数が 1 つになるように変形していく解法である.

　（＃）をかき直して

$$(\sharp)\begin{cases} \dot{x} = \alpha x + \beta y & \cdots① \\ \dot{y} = \gamma x + \delta y & \cdots② \end{cases}$$

①の両辺を t で微分すると

$$\ddot{x} = \alpha\dot{x} + \beta\dot{y}$$

この式に②を代入する.

$$\ddot{x} = \alpha\dot{x} + \beta(\gamma x + \delta y) = \alpha\dot{x} + \beta\gamma x + \delta(\beta y)$$

①より　$\beta y = \dot{x} - \alpha x$　なので上式に代入して整理すると

$$\ddot{x} = \alpha\dot{x} + \beta\gamma x + \delta(\dot{x} - \alpha x)$$

$$\ddot{x} - (\alpha + \delta)\dot{x} + (\alpha\delta - \beta\gamma)x = 0$$

これは未知関数 $x = x(t)$ に関する定数係数 2 階同次線形微分方程式なので解くことができる. 求まった $x = x(t)$ を使って①より $y = y(t)$ を求める.

> 連立 1 次方程式の
> 解法に似ています

【代入法による（＃）の解法の手順】

手順 1.　①を t で微分する.

手順 2.　手順 1 で得られた関係式から①②を使って未知関数 y を消去し，未知関数 x についての定数係数 2 階同次線形微分方程式にする.

手順 3.　手順 2 で得られた微分方程式を解き，未知関数 $x = x(t)$ を求める.

手順 4.　x, y の関係式を使って未知関数 $y = y(t)$ を求める.

（手順 1 において②を先に微分すれば，先に $y = y(t)$ が求まり，次に $x = x(t)$ が求まる.）

> 定数係数 2 階同次線形微分方程式の
> 解については §2.2 で
> 勉強しましたね

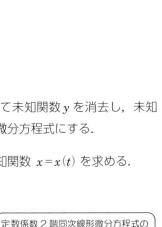

連立線形微分方程式① （代入法による解法）

例題

次の連立線形微分　方程式を代入法で解こう.

$$\begin{cases} \dot{x} = -y & \cdots ① \\ \dot{y} = 4x & \cdots ② \end{cases}$$

また，初期条件 $x(0) = 1$，$y(0) = 0$ をみたす特殊解を求めよう.

∷ 解答 ∷　**手順1**　①を t で微分する.

$$\ddot{x} = -\dot{y} \qquad \cdots ③$$

手順2.　y を消去するために②を③
へ代入して

$$\ddot{x} = -4x$$
$$\ddot{x} + 4x = 0 \qquad \cdots ④$$

（定数係数2階同次線形微分方程式）

手順3.　④を解く.

④の特性方程式をつくって解くと

$$\lambda^2 + 4 = 0$$
$$\lambda^2 = -4, \qquad \lambda = \pm 2i$$

これより④の基本解は

$$x_1 = \cos 2t, \qquad x_2 = \sin 2t$$

なので④の一般解は

$$x = C_1 \cos 2t + C_2 \sin 2t$$

手順4.　①に代入して y を求める.

$$\begin{aligned} y &= -\dot{x} \\ &= -(C_1 \cos 2t + C_2 \sin 2t)' \\ &= 2C_1 \sin 2t - 2C_2 \cos 2t \end{aligned}$$

以上より一般解は

$$\begin{cases} x = C_1 \cos 2t + C_2 \sin 2t \\ y = -2C_2 \cos 2t + 2C_1 \sin 2t \end{cases}$$
$$(C_1, C_2 : 任意定数)$$

次に初期条件をみたす特殊解を求める.
条件は $t = 0$ のとき $x = 1$，$y = 0$ なので

一般解へ代入して

$$\begin{cases} 1 = C_1 \cos 0 + C_2 \sin 0 \\ 0 = -2C_2 \cos 0 + 2C_1 \sin 0 \end{cases}$$

これより

$$C_1 = 1, \qquad C_2 = 0$$

なので求める特殊解は

$$\begin{cases} x = \cos 2t \\ y = 2 \sin 2t \end{cases}$$

$$\begin{aligned} \cos 0 &= 1 \\ \sin 0 &= 0 \end{aligned}$$

【解終】

特殊解の t を消去すると
$x^2 + \dfrac{y^2}{2^2} = 1$ となり
楕円の方程式となります

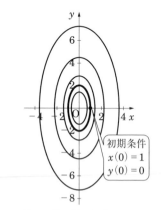

初期条件
$x(0) = 1$
$y(0) = 0$

$$\begin{cases} x = C_1 \cos 2t + C_2 \sin 2t \\ y = -2C_2 \cos 2t + 2C_1 \sin 2t \end{cases}$$ の曲線群

POINT $\dot{x}=\cdots$ を t で微分した式を $\dot{y}=\cdots$ に代入し，y を消去して解く

演習 34

次の連立線形微分方程式を代入法で解こう．

$$\begin{cases}\dot{x}=x+3y & \cdots① \\ \dot{y}=-3x+y & \cdots②\end{cases}$$

また，初期条件 $x(0)=0$，$y(0)=1$ をみたす特殊解を求めよう．

解答は p.160

解答 手順 1．①を t で微分する．

$\ddot{x}=$ ㋐ ［　　］ …③

手順 2．①②③を使って y を消去し，x に関する定数係数 2 階同次線形微分方程式をつくる．

㋑ ［　　］

手順 3．得られた微分方程式を解き x を求める．

㋒ ［　　］

手順 4．①を使って y を求める．

$\dot{x}$ を求めておくと

$\dot{x}=$ ㋓ ［　　］

①より

$3y=\dot{x}-x$

$=$ ㋔ ［　　］

$\therefore\quad y=$ ㋕ ［　　］

以上より一般解は

㋖ ［　　］

次に初期条件をみたす特殊解を求める．

条件は $t=0$ のとき $x=$ ㋗ ［　］，$y=$ ㋘ ［　］ なので

一般解へ代入して C_1, C_2 を求めると

㋙ ［　　］

これより求める特殊解は

㋚ ［　　］

【解終】

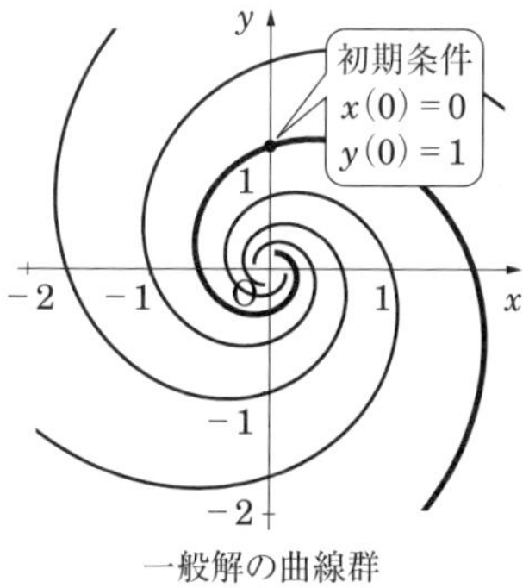

一般解の曲線群

② 行列の対角化を利用する方法

　線形代数では，連立 1 次方程式を行列を用いて解く方法を学んだ．そこで連立線形微分方程式

$$(\#)\begin{cases} \dot{x} = \alpha x + \beta y \\ \dot{y} = \gamma x + \delta y \end{cases} \quad (\alpha,\ \beta,\ \delta,\ \gamma は定数)$$

も行列を使って表してみよう．行列の積を使ってかき直すと

$$(\flat)\ \begin{pmatrix} \dot{x} \\ \dot{y} \end{pmatrix} = \begin{pmatrix} \alpha & \beta \\ \gamma & \delta \end{pmatrix} \begin{pmatrix} x \\ y \end{pmatrix}$$

となる．（＃）における右辺の係数は次の 2 次の正方行列 A で表されている．

$$A = \begin{pmatrix} \alpha & \beta \\ \gamma & \delta \end{pmatrix}$$

もし（＃）において $\beta = 0,\ \gamma = 0$ であれば（＃）は変数分離形となり，次のようにすぐに解が求まる．

$$\begin{cases} \dot{x} = \alpha x \\ \dot{y} = \delta y \end{cases} \quad (それぞれ変数分離形)$$

$$\begin{cases} \dfrac{1}{x}\dot{x} = \alpha \\ \dfrac{1}{y}\dot{y} = \delta \end{cases} \qquad \begin{cases} \log|x| = \alpha t + C_1' \\ \log|y| = \delta t + C_2' \end{cases} \qquad \begin{cases} x = C_1 e^{\alpha t} \\ y = C_2 e^{\delta t} \end{cases}$$

このとき係数の行列 A は

$$A = \begin{pmatrix} \alpha & 0 \\ 0 & \delta \end{pmatrix}$$

という対角行列である．つまり A が対角行列であれば容易に解を求めることができる．

　そこで係数行列 A が対角行列でないとき，係数の行列を対角化して微分方程式を解くことを考えてみよう．

　もし A が対角化可能な行列であれば，ある 2 次の正則行列 P を使って

$$P^{-1}AP = \begin{pmatrix} \lambda_1 & 0 \\ 0 & \lambda_2 \end{pmatrix} \quad (\lambda_1,\ \lambda_2 は A の固有値)$$

とかけた（p.80 参照）．

　これをどのように（♭）の連立微分方程式に使っていくのか，少し準備がいる．

$x = x(t)$, $y = y(t)$ が微分可能なとき,

$x = \begin{pmatrix} x \\ y \end{pmatrix}$ に対し, $\begin{pmatrix} \dot{x} \\ \dot{y} \end{pmatrix}$ を x の導関数または微分といい, $\dfrac{d}{dt} x$ とかく.

 解説 パラメータ表示された平面上の曲線 C

$$C : \begin{cases} x = x(t) \\ y = y(t) \end{cases}$$

を考えよう. 点 P が時刻 t の変化につれて C 上を動いていると考えて, ベクトル

$$\overrightarrow{\text{OP}} = x = \begin{pmatrix} x \\ y \end{pmatrix}$$

の動きを考えてみる.

$\dot{x}$ は x 方向の動きの導関数

$\dot{y}$ は y 方向の動きの導関数

なので, これらを成分にもつベクトル

$$\begin{pmatrix} \dot{x} \\ \dot{y} \end{pmatrix}$$

は $\overrightarrow{\text{OP}} = x$ の t の変化による動きの

導関数と考えられる.

そこで

$$\frac{d}{dt} x = \begin{pmatrix} \dot{x} \\ \dot{y} \end{pmatrix}$$

と定義する.

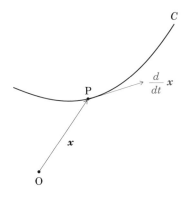

【解説終】

上記ベクトルの微分の記号を使うと,
連立線形微分方程式 (♭) はベクトル
x の微分方程式

$$\frac{d}{dt} x = Ax$$

とかくことができる.

ベクトルの
微分方程式に
かわりました!

形式的には
直接積分形に
なりました

$x = x(t)$, $y = y(t)$ はともに t について微分可能，α, β, γ, δ は定数とする.

このとき，$\boldsymbol{x} = \begin{pmatrix} x \\ y \end{pmatrix}$, $A = \begin{pmatrix} \alpha & \beta \\ \gamma & \delta \end{pmatrix}$ について次式が成立する.

$$\frac{d}{dt}(A\boldsymbol{x}) = A\left(\frac{d}{dt}\boldsymbol{x}\right)$$

行列が定数
みたいですね

証明　　　　$A\boldsymbol{x} = \begin{pmatrix} \alpha & \beta \\ \gamma & \delta \end{pmatrix}\begin{pmatrix} x \\ y \end{pmatrix} = \begin{pmatrix} \alpha x + \beta y \\ \gamma x + \delta y \end{pmatrix}$

より

$$\frac{d}{dt}(A\boldsymbol{x}) = \begin{pmatrix} \dfrac{d}{dt}(\alpha x + \beta y) \\ \dfrac{d}{dt}(\gamma x + \delta y) \end{pmatrix} = \begin{pmatrix} \alpha \dot{x} + \beta \dot{y} \\ \gamma \dot{x} + \delta \dot{y} \end{pmatrix}$$

ベクトルの微分

$$\frac{d}{dt}\begin{pmatrix} x \\ y \end{pmatrix} = \begin{pmatrix} \dot{x} \\ \dot{y} \end{pmatrix}$$

一方

$$A\left(\frac{d}{dt}\boldsymbol{x}\right) = A\begin{pmatrix} \dot{x} \\ \dot{y} \end{pmatrix} = \begin{pmatrix} \alpha & \beta \\ \gamma & \delta \end{pmatrix}\begin{pmatrix} \dot{x} \\ \dot{y} \end{pmatrix} = \begin{pmatrix} \alpha \dot{x} + \beta \dot{y} \\ \gamma \dot{x} + \delta \dot{y} \end{pmatrix}$$

$$\therefore \quad \frac{d}{dt}(A\boldsymbol{x}) = A\left(\frac{d}{dt}\boldsymbol{x}\right)$$

【証明終】

　この性質と，行列の対角化を使って連立線形微分方程式
を解いてみよう.

　連立線形微分方程式

$$\frac{d}{dt}\boldsymbol{x} = A\boldsymbol{x} \qquad \cdots ①$$

について，もし A が対角化可能であれば，ある2次
の正則行列 P を使って

$$P^{-1}AP = \begin{pmatrix} \lambda_1 & 0 \\ 0 & \lambda_2 \end{pmatrix}$$

とすることができる. ただし λ_1, λ_2 は A の固有値で
ある.

A が対角化可能では
ない場合は
行列の三角化という
方法を使って
解くことができますが，
本書では扱いません

このとき，①の両辺に左から P の逆行列 P^{-1} をかけると

$$P^{-1}\left(\frac{d}{dt}\boldsymbol{x}\right) = P^{-1}(A\boldsymbol{x})$$

左辺は定理 2.5.1 を使い，右辺は対角行列が出るように変形して

$$\frac{d}{dt}(P^{-1}\boldsymbol{x}) = P^{-1}A(PP^{-1})\boldsymbol{x}$$

$$= (P^{-1}AP)(P^{-1}\boldsymbol{x}) = \begin{pmatrix} \lambda_1 & 0 \\ 0 & \lambda_2 \end{pmatrix}(P^{-1}\boldsymbol{x})$$

ここで，$u = u(t)$，$v = v(t)$ とし

$$P^{-1}\boldsymbol{x} = \boldsymbol{u} = \begin{pmatrix} u \\ v \end{pmatrix} \qquad \cdots ②$$

とおくと

$$\frac{d}{dt}\boldsymbol{u} = \begin{pmatrix} \lambda_1 & 0 \\ 0 & \lambda_2 \end{pmatrix}\boldsymbol{u}, \qquad \begin{pmatrix} \dot{u} \\ \dot{v} \end{pmatrix} = \begin{pmatrix} \lambda_1 & 0 \\ 0 & \lambda_2 \end{pmatrix}\begin{pmatrix} u \\ v \end{pmatrix} \qquad \therefore \begin{cases} \dot{u} = \lambda_1 u \\ \dot{v} = \lambda_2 v \end{cases}$$

これは変数分離形なのですぐ解けて，解は次のようになる．

$$\begin{cases} u = C_1 e^{\lambda_1 t} \\ v = C_2 e^{\lambda_2 t} \end{cases}$$

変数分離形の解法を忘れてしまったら p.16 にあります

②より

$$\boldsymbol{x} = P\boldsymbol{u}$$

これで（♭）の解 $\boldsymbol{x}$ が求まったので，（#）の解 x, y は

$$\begin{pmatrix} x \\ y \end{pmatrix} = P\begin{pmatrix} C_1 e^{\lambda_1 t} \\ C_2 e^{\lambda_2 t} \end{pmatrix}$$

を計算して求めることができる．

$P^{-1}\boldsymbol{x} = \boldsymbol{u}$
両辺に左から P をかけると
$P(P^{-1}\boldsymbol{x}) = P\boldsymbol{u}$
$E\boldsymbol{x} = P\boldsymbol{u}$
$\boldsymbol{x} = P\boldsymbol{u}$

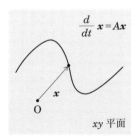

$$\frac{d}{dt}\boldsymbol{x} = A\boldsymbol{x}$$

xy 平面

P^{-1} で変換
$\boldsymbol{u} = P^{-1}\boldsymbol{x}$

P で変換
$\boldsymbol{x} = P\boldsymbol{u}$

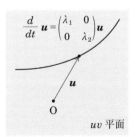

$$\frac{d}{dt}\boldsymbol{u} = \begin{pmatrix} \lambda_1 & 0 \\ 0 & \lambda_2 \end{pmatrix}\boldsymbol{u}$$

uv 平面

以上より行列の対角化を利用した（#）の解法の手順は次のようになる.

$$(\#)\begin{cases} \dot{x} = \alpha x + \beta y \\ \dot{y} = \gamma x + \delta y \end{cases}$$

【行列の対角化を利用する（#）の解法の手順】

手順1. （#）をベクトルと行列を使った微分方程式にかき直す.

$$\frac{d}{dt}\boldsymbol{x} = A\boldsymbol{x} \qquad \cdots (\#')$$

手順2. 正則行列 P をみつけて A を対角化する.

$$P^{-1}AP = \begin{pmatrix} \lambda_1 & 0 \\ 0 & \lambda_2 \end{pmatrix} \qquad (\lambda_1, \lambda_2 は A の固有値)$$

手順3. $P^{-1}\boldsymbol{x} = \boldsymbol{u}$ と変換して（#'）をかき直す.

$$\frac{d}{dt}\boldsymbol{u} = \begin{pmatrix} \lambda_1 & 0 \\ 0 & \lambda_2 \end{pmatrix}\boldsymbol{u}$$

手順4. $\boldsymbol{u}$ を求める.

手順5. $\boldsymbol{x} = P\boldsymbol{u}$ により $\boldsymbol{x}$ を求め, x, y を求める.

この方法は少し面倒ですが
未知数の数が多い
連立線形微分方程式にも
そのまま拡張して使えます.
また, 係数行列 A の
固有値の性質により
解の曲線（解軌道）の
パターンが決まるので
軌道の解析に有効です.

━━→ **行列の対角化の手順**（$n = 2$, 相異なる固有値をもつ場合）・

手順❶ 固有方程式 $|xE - A| = 0$ を解いて固有値 λ_1, λ_2 を求める.

手順❷ $A\boldsymbol{v}_i = \lambda_i \boldsymbol{v}_i$ をみたすベクトル $\boldsymbol{v}_i$ を1つ求める $(i = 1, 2)$.

手順❸ $P = (\boldsymbol{v}_1 \quad \boldsymbol{v}_2)$ とおくと $P^{-1}AP = \begin{pmatrix} \lambda_1 & 0 \\ 0 & \lambda_2 \end{pmatrix}$

A の固有方程式

$A = \begin{pmatrix} \alpha & \beta \\ \gamma & \delta \end{pmatrix}$ のとき

$|xE - A| = \begin{vmatrix} x - \alpha & -\beta \\ -\gamma & x - \delta \end{vmatrix}$

$\quad = (x - \alpha)(x - \delta) - (-\beta)(-\gamma)$

$\quad = x^2 - (\alpha + \delta)x + (\alpha\delta - \beta\gamma)$

対角化の手順表

❶	固有値	λ_1	λ_2
❷	固有ベクトル	$\boldsymbol{v}_1$	$\boldsymbol{v}_2$
❸	正則行列 P	$(\boldsymbol{v}_1$	$\boldsymbol{v}_2)$
	対角化 $P^{-1}AP$	$\begin{pmatrix} \lambda_1 & 0 \\ 0 & \lambda_2 \end{pmatrix}$	

Column　ウサギとヤマネコの数は連立微分方程式で（被食者—捕食者モデル方程式）

　H教授が，同僚の数理生態学者K博士とイギリス旅行を楽しんでいたときのことである．なだらかな丘が続くきれいな景色を眺めながらのんびりと朝食をとっていると，突然ウサギが茂みからすごい勢いで飛び出してきた．びっくりしていると，すぐ後ろからキツネが追いかけてきたのである．アッと思う間もなく2匹はまた茂みの中へと消えていってしまった．「ウサギは大丈夫だっただろうか…」とH教授は，のんびりと朝食を食べている自分にちょっと後ろめたさを感じながら，ウサギのことを心配して呟いた．するとK博士はH教授の安易な考えをいさめるように「キツネも食べなければ死んでしまうよ」と答えた．H教授も負けずに「しかしウサギは逃げるだけで，反撃するための武器なんか何も持っていないぞ．ウサギは全滅してしまうんじゃないか？」と言葉を返した．するとK博士は，「カナダで捕食者と被食者についてのこんなデータがある」と言って説明をし始めたのである．

　19世紀，カナダでとれたカワリウサギ（被食者）とオオヤマネコ（捕食者）の毛皮は約11年周期で増減が見られ，両者の増減の時期は少しずれていたのだそうだ．この事実は次のように考えることができる．ウサギの個体数が増えるとヤマネコは餌が増えるので，出

産率も生存率も増加して個体数が増える．するとウサギの個体数は減少する．その結果，餌が少なくなりヤマネコの個体数は減少する．このように，捕食者と被食者の相互作用によって両者の個体数は周期的に増減するというわけである．「なるほど….それで，数理モデルはあるのかな？」とH教授はさらに質問を続けた．

　このように互いに関連しあいながら変化していく現象を解明したいときには連立微分方程式がよく用いられる．この中で最も簡単なものが本書で学んだ**定数係数連立線形微分方程式**である．連立微分方程式の解曲線のグラフは**解軌道**と呼ばれ，関連し合いながら変化する2つの関数の様子を視覚的に見ることができる．

次のページに
解軌道の例が
あります

Column 定数係数連立線形微分方程式の解軌道

　本書で勉強してきた定数係数連立線形微分方程式の解軌道はさまざまなパターンがありましたが，これらのパターンは何によって決まるのでしょうか？

　それは，連立微分方程式を 2 次の正方行列 A を使って

$$\frac{d}{dt}\begin{pmatrix} x \\ y \end{pmatrix} = A\begin{pmatrix} x \\ y \end{pmatrix}$$

と表したとき，係数行列 A の固有値の性質により解軌道のパターンが決まってしまうのです．

　本書では行列 A の固有値が実数の場合を扱いましたが，固有値は実数でない場合もあります．また，A は対角化可能な場合と不可能な場合があります．

　以下，D を固有方程式の判別式，λ_1, λ_2 を A の固有値として，代表的な場合の解軌道のパターンを紹介しておきましょう．

1. はじめは A が対角行列，$D > 0$ で相異なる 2 つの実数の固有値をもつ場合です．

$A = \begin{pmatrix} \lambda_1 & 0 \\ 0 & \lambda_2 \end{pmatrix}$ の形です

(1) $\lambda_1 > \lambda_2 > 0$ の場合　　(2) $0 > \lambda_1 > \lambda_2$ の場合　　(3) $\lambda_1 > 0 > \lambda_2$ の場合

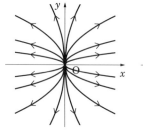 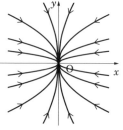 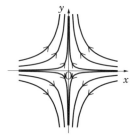

(4) $\lambda_1 > 0$, $\lambda_2 = 0$ の場合　　(5) $\lambda_1 < 0$, $\lambda_2 = 0$ の場合

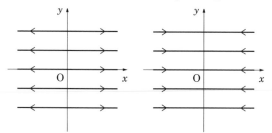

矢印の方向は $t \to +\infty$ のときに点 (x, y) が進む方向です

2. A が対角行列, $D = 0$ で固有値が 1 つ (重解) の場合です.

(1) $\lambda_1 = \lambda_2 > 0$ の場合 　　(2) $\lambda_1 = \lambda_2 < 0$ の場合

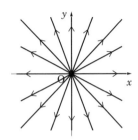 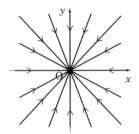

3. A が上三角行列, $D = 0$ で固有値が 1 つ (重解) の場合です.

(1) $\lambda_1 = \lambda_2 > 0$ の場合 　　(2) $\lambda_1 = \lambda_2 < 0$ の場合

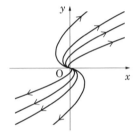 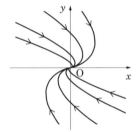

上三角行列とは

$$\begin{pmatrix} \lambda_1 & b \\ 0 & \lambda_2 \end{pmatrix}$$

の形の行列

4. 最後は, A が実数の範囲では対角化不可能ですが複素数の範囲なら対角化可能, つまり $D < 0$ で固有値が複素数の場合です.

(1) 実部 $= 0$ 　　　　(2) 実部 > 0 の場合 　　　(3) 実部 < 0 の場合

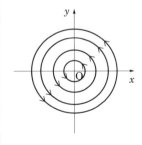 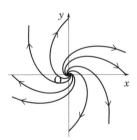 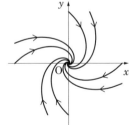

たとえば, それぞれ次のような行列です

$$\begin{pmatrix} 0 & 1 \\ -1 & 0 \end{pmatrix}, \begin{pmatrix} 1 & 1 \\ -1 & 1 \end{pmatrix}, \begin{pmatrix} -1 & 1 \\ -1 & -1 \end{pmatrix}$$

**連立線形微分方程式②
（行列の対角化を利用する解法）**

例題

> 次の連立線形微分方程式を，行列の対角化を使って解こう．
> $$\begin{cases} \dot{x} = 5x + 2y \\ \dot{y} = x + 4y \end{cases}$$

:: 解答 :: **手順1.** 微分方程式を行列を使ってかき直す．

$$\begin{pmatrix} \dot{x} \\ \dot{y} \end{pmatrix} = \begin{pmatrix} 5 & 2 \\ 1 & 4 \end{pmatrix} \begin{pmatrix} x \\ y \end{pmatrix}, \qquad \frac{d}{dt} \begin{pmatrix} x \\ y \end{pmatrix} = \begin{pmatrix} 5 & 2 \\ 1 & 4 \end{pmatrix} \begin{pmatrix} x \\ y \end{pmatrix}$$

$$\boldsymbol{x} = \begin{pmatrix} x \\ y \end{pmatrix}, \qquad A = \begin{pmatrix} 5 & 2 \\ 1 & 4 \end{pmatrix} とおくと \qquad \frac{d}{dt} \boldsymbol{x} = A\boldsymbol{x} \qquad \cdots ①$$

手順2. 正則行列 P をみつけて A を対角化する（p.140 対角化の手順参照）．

❶ A の固有方程式を解いて固有値を求める．

$$|xE - A| = \begin{vmatrix} x-5 & -2 \\ -1 & x-4 \end{vmatrix} = (x-5)(x-4) - (-2)(-1)$$
$$= x^2 - 9x + 20 - 2 = x^2 - 9x + 18 = (x-3)(x-6) = 0$$

これより固有値は $\lambda_1 = 3, \lambda_2 = 6$．

❷ それぞれの固有ベクトル $\boldsymbol{v}_1, \boldsymbol{v}_2$ を1つずつ求める．

・$\lambda_1 = 3$ のとき，$A\boldsymbol{v}_1 = 3\boldsymbol{v}_1$ となる $\boldsymbol{v}_1 = \begin{pmatrix} u_1 \\ v_1 \end{pmatrix}$ を1つ求める．

$$\begin{pmatrix} 5 & 2 \\ 1 & 4 \end{pmatrix} \begin{pmatrix} u_1 \\ v_1 \end{pmatrix} = 3 \begin{pmatrix} u_1 \\ v_1 \end{pmatrix}, \qquad \begin{cases} 5u_1 + 2v_1 = 3u_1 \\ u_1 + 4v_1 = 3v_1 \end{cases}, \qquad \begin{cases} 2u_1 + 2v_1 = 0 \\ u_1 + v_1 = 0 \end{cases}$$

これをみたす u_1, v_1 の1組を求めると（たとえば）$u_1 = 1, v_1 = -1$．

$$\therefore \quad \boldsymbol{v}_1 = \begin{pmatrix} u_1 \\ v_1 \end{pmatrix} = \begin{pmatrix} 1 \\ -1 \end{pmatrix}$$

・$\lambda_2 = 6$ のとき，$A\boldsymbol{v}_2 = 6\boldsymbol{v}_2$ となる $\boldsymbol{v}_2 = \begin{pmatrix} u_2 \\ v_2 \end{pmatrix}$ を1つ求める．

$$\begin{pmatrix} 5 & 2 \\ 1 & 4 \end{pmatrix} \begin{pmatrix} u_2 \\ v_2 \end{pmatrix} = 6 \begin{pmatrix} u_2 \\ v_2 \end{pmatrix}, \qquad \begin{cases} 5u_2 + 2v_2 = 6u_2 \\ u_2 + 4v_2 = 6v_2 \end{cases}, \qquad \begin{cases} -u_2 + 2v_2 = 0 \\ u_2 - 2v_2 = 0 \end{cases}$$

これをみたす u_2, v_2 の1組を求めると（たとえば）$u_2 = 2, v_2 = 1$．

$$\therefore \quad \boldsymbol{v}_2 = \begin{pmatrix} u_2 \\ v_2 \end{pmatrix} = \begin{pmatrix} 2 \\ 1 \end{pmatrix}$$

そこで

$$P = (\boldsymbol{v}_1 \quad \boldsymbol{v}_2) = \begin{pmatrix} 1 & 2 \\ -1 & 1 \end{pmatrix}$$

とおくと次のように A は対角化される.

$$P^{-1}AP = \begin{pmatrix} 3 & 0 \\ 0 & 6 \end{pmatrix}$$

対角化の手順表

❶	固有値	3	6
❷	固有ベクトル	$\begin{pmatrix} 1 \\ -1 \end{pmatrix}$	$\begin{pmatrix} 2 \\ 1 \end{pmatrix}$
❸	正則行列 P	$\begin{pmatrix} 1 \\ -1 \end{pmatrix}$	$\begin{pmatrix} 2 \\ 1 \end{pmatrix}$
	対角化 $P^{-1}AP$	$\begin{pmatrix} 3 \\ 0 \end{pmatrix}$	$\begin{pmatrix} 0 \\ 6 \end{pmatrix}$

手順 3. $P^{-1}\boldsymbol{x} = \boldsymbol{u}$, $\boldsymbol{u} = \begin{pmatrix} u \\ v \end{pmatrix}$ とおいて①を変換する.

①の両辺に左から P^{-1} をかけると

$$P^{-1}\left(\frac{d}{dt}\boldsymbol{x}\right) = P^{-1}(A\boldsymbol{x}), \qquad \frac{d}{dt}(P^{-1}\boldsymbol{x}) = (P^{-1}AP)(P^{-1}\boldsymbol{x})$$

$$\frac{d}{dt}\boldsymbol{u} = \begin{pmatrix} 3 & 0 \\ 0 & 6 \end{pmatrix}\boldsymbol{u}$$

定理2.5.1

$$\frac{d}{dt}(A\boldsymbol{x}) = A\left(\frac{d}{dt}\boldsymbol{x}\right)$$

手順 4. $\boldsymbol{u}$ を求める.

$$\frac{d}{dt}\begin{pmatrix} u \\ v \end{pmatrix} = \begin{pmatrix} 3 & 0 \\ 0 & 6 \end{pmatrix}\begin{pmatrix} u \\ v \end{pmatrix} \quad \text{より} \quad \begin{pmatrix} \dot{u} \\ \dot{v} \end{pmatrix} = \begin{pmatrix} 3 & 0 \\ 0 & 6 \end{pmatrix}\begin{pmatrix} u \\ v \end{pmatrix} \quad \therefore \begin{cases} \dot{u} = 3u \\ \dot{v} = 6v \end{cases}$$

ともに変数分離形の微分方程式. u, v を求めると

$$\begin{cases} u = C_1 e^{3t} \\ v = C_2 e^{6t} \end{cases} \quad \therefore \quad \boldsymbol{u} = \begin{pmatrix} C_1 e^{3t} \\ C_2 e^{6t} \end{pmatrix}$$

手順 5. $\boldsymbol{x}$ を求める.

$$\boldsymbol{x} = P\boldsymbol{u} = \begin{pmatrix} 1 & 2 \\ -1 & 1 \end{pmatrix}\begin{pmatrix} C_1 e^{3t} \\ C_2 e^{6t} \end{pmatrix} = \begin{pmatrix} C_1 e^{3t} + 2C_2 e^{6t} \\ -C_1 e^{3t} + C_2 e^{6t} \end{pmatrix}$$

これより

$$\begin{cases} x = C_1 e^{3t} + 2C_2 e^{6t} \\ y = -C_1 e^{3t} + C_2 e^{6t} \end{cases}$$

$$(C_1, C_2 : 任意定数) \quad 【解終】$$

P のとり方により
見かけは異なった解でも,
任意定数をおきかえることで
同じ解になるはずです

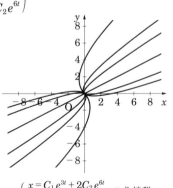

$\begin{cases} x = C_1 e^{3t} + 2C_2 e^{6t} \\ y = -C_1 e^{3t} + C_2 e^{6t} \end{cases}$ の曲線群

POINT > 連立線形微分方程式を行列を用いて書き直し，その行列を対角化して解く

演習 35

次の連立線形微分方程式を行列の対角化を利用して解こう．

$$\begin{cases} \dot{x} = 4x - 5y \\ \dot{y} = x - 2y \end{cases}$$

解答は p.160

解答 手順 1． 微分方程式を行列を使ってかき直す．

㋐ [　　　　]

$\boldsymbol{x} = \begin{pmatrix} x \\ y \end{pmatrix}$，　$A =$ ㋑ [　　]　とおくと　$\dfrac{d}{dt}\boldsymbol{x} = A\boldsymbol{x}$　…①

手順 2． 正則行列 P をみつけて係数行列 A を対角化する．

❶ A の固有方程式を解いて固有値を求める．

㋒ [　　　　]

これより固有値は $\lambda_1 =$ ㋓ [　]，$\lambda_2 =$ ㋔ [　]．

❷ それぞれの固有ベクトル $\boldsymbol{v}_1, \boldsymbol{v}_2$ を 1 つずつ求める．

・$\lambda_1 =$ ㋓ [　] のとき，$A\boldsymbol{v}_1 =$ ㋕ [　] $\boldsymbol{v}_1$ となる $\boldsymbol{v}_1 = \begin{pmatrix} u_1 \\ v_1 \end{pmatrix}$ を 1 つ求める．

㋖ [　　　　]

∴　$\boldsymbol{v}_1 =$ ㋗ [　]

・$\lambda_2 =$ ㋔ [　] のとき，$A\boldsymbol{v}_2 =$ ㋘ [　] $\boldsymbol{v}_2$ となる $\boldsymbol{v}_2 = \begin{pmatrix} u_2 \\ v_2 \end{pmatrix}$ を 1 つ求める．

㋙ [　　　　]

∴　$\boldsymbol{v}_2 =$ ㋚ [　]

そこで

$$P=(\boldsymbol{v}_1 \quad \boldsymbol{v}_2)= ㋛\boxed{}$$

とおくと A は次のように対角化される.

$$P^{-1}AP= ㋜\boxed{}$$

対角化手順表

❶	固有値		
❷	固有ベクトル		
❸	正則行列 P		
	対角化 $P^{-1}AP$		

手順 3. $P^{-1}\boldsymbol{x}=\boldsymbol{u}$, $\boldsymbol{u}=\begin{pmatrix}u\\v\end{pmatrix}$ とおいて①を変換する.

①の両辺に左から P^{-1} をかけると

$$P^{-1}\left(\frac{d}{dt}\boldsymbol{x}\right)=P^{-1}(A\boldsymbol{x}),$$

$$\frac{d}{dt}(P^{-1}\boldsymbol{x})=(P^{-1}AP)(P^{-1}\boldsymbol{x})$$

$$\frac{d}{dt}\boldsymbol{u}= ㋝\boxed{}\,\boldsymbol{u}$$

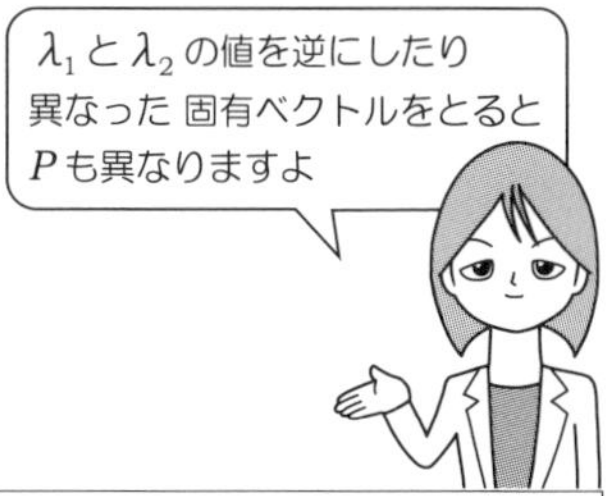
λ_1 と λ_2 の値を逆にしたり
異なった 固有ベクトルをとると
P も異なりますよ

手順 4. $\boldsymbol{u}$ を求める.

㋞

$$\boldsymbol{u}= ㋟\boxed{}$$

手順 5. $\boldsymbol{x}$ を求める.

$$\boldsymbol{x}=P\boldsymbol{u}= ㋠\boxed{}$$

これより

$$\begin{cases} x= ㋡\boxed{} \\ y= ㋢\boxed{} \end{cases}$$

(C_1, C_2 : 任意定数)　【解終】

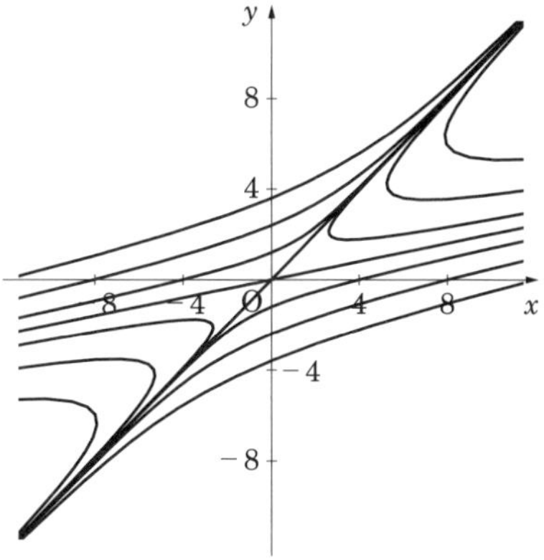
y
8
4
−8
−4
O
4
8
x
−4
−8
一般解の曲線群

問1　次の線形微分方程式を解こう.
　　　また, 与えられた初期条件をみたす特殊解も求めよう.

(1)　$y'' + 2y' - 8y = 0$, $y(0) = 0$, $y'(0) = 2$

(2)　$y'' + 6y' + 25y = 0$, $y(0) = y'(0) = 1$

(3)　$y'' - 5y = 0$, $y(0) = 1$, $y'(0) = 0$

(4)　$y''' + 6y'' + 9y' = 0$, $y(0) = 1$, $y'(0) = -2$, $y''(0) = 6$

(5)　$y'' + 3y' + 2y = \cos 2x$, $y(0) = \dfrac{1}{10}$, $y'(0) = \dfrac{1}{20}$

(6)　$y'' - 3y' + 2y = e^x$, $y(0) = y'(0) = 0$

(7)　$y'' - 2y' + 2y = e^x \sin x$, $y(0) = y'(0) = 1$

(8)　$y'' - 2y' + y = e^x \log x$, $y(1) = y'(1) = e$

(9)　$x^2 y'' - xy' + y = 0$ $(x > 0)$, $y(1) = 2$, $y'(1) = 1$

(10)　$x^2 y'' - 3xy' - 5y = x^2 \log x$, $y(1) = y'(1) = 0$

(11)　$\begin{cases} \dot{x} = 4x - y \\ \dot{y} = 5x - 2y \end{cases}$, $\begin{cases} x(0) = 0 \\ y(0) = 4 \end{cases}$

(12)　$\begin{cases} \dot{x} = 2x - 5y \\ \dot{y} = x - 2y - 1 \end{cases}$, $\begin{cases} x(0) = 0 \\ y(0) = 0 \end{cases}$

1　定数係数2階線形微分方程式 (同次)
2　定数係数2階線形微分方程式 (非同次)
3　定数係数高階線形微分方程式 (同次)
4　オイラーの方程式
5　連立定数係数線形微分方程式

第2章では,
これらの解き方を
学びました

第1章 1 階常微分方程式

p.10 演習 1

解 答 y', y'' を計算して微分方程式の左辺に代入し，0 になることを示す．

(1) $y' =$ ㋐ $2e^{2x}$ なので

$y' - 2y =$ ㋑ $2e^{2x} - 2e^{2x} = 0$ ゆえに解である．

(2) $y' =$ ㋒ $\dfrac{1}{x}$

$y'' =$ ㋓ $(x^{-1})' = -x^{-2} = -\dfrac{1}{x^2}$ なので

$x^2y'' - xy' + 2 =$ ㋔ $x^2\left(-\dfrac{1}{x^2}\right) - x\cdot\dfrac{1}{x} + 2 = -1 - 1 + 2 = 0$

ゆえに解である．

p.11 演習2

解 答

(1) $y' =$ ㋐ $\{-\sin(x+k)\}(x+k)' = -\sin(x+k)$

なので

㋑
$$y^2 + y'^2 = \cos^2(x+k) + \sin^2(x+k) = 1$$
$$\therefore\ y^2 + y'^2 = 1$$

(2) $y' =$ ㋒ $a - bx^{-2}$，$y'' =$ ㋓ $2bx^{-3}$ なので

㋔
$$b = \frac{1}{2}x^3y'',\ \ a = y' + \frac{b}{x^2} = y' + \frac{1}{2}xy''$$
$$\therefore\ y = ax + \frac{b}{x} = \left(y' + \frac{1}{2}xy''\right)x + \frac{1}{x}\left(\frac{1}{2}x^3y''\right)$$
$$= xy' + x^2y''$$
$$\therefore\ y = xy' + x^2y''$$

p.15 演習3

解 答 (1) 手順 1．$x \neq 0$ なので両辺を x で割って標準形に直すと ㋐ $y' = \dfrac{1}{x}$

手順 2．両辺を x で積分する．$x > 0$ なので

㋑ $y = \displaystyle\int \frac{1}{x}\,dx + C = \log x + C$

ゆえに一般解は ㋒ $y = \log x + C$ （C：任意定数）

(2) 手順 3．初期条件は

$x =$ ㋓ 1 のとき $y =$ ㋔ 0

なので，一般解に代入して C を決定すると

㋕ $0 = \log 1 + C = 0 + C \quad \therefore\ C = 0$

したがって求める特殊解は ㋖ $y = \log x$

特殊解のグラフは図のようになる．

㋗
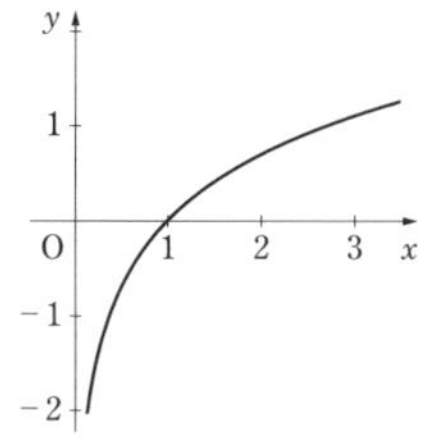

p.19 演習4

解 答 (1) 手順 1．両辺に ㋐ y^2 をかけて変数分離形の標準形に直すと

㋑ $y^2\dfrac{dy}{dx} = \log x$

手順 2．両辺を x で積分する．右辺の積分は部分積分を使うと

㋒
$$\int\left(y^2\frac{dy}{dx}\right)dx = \int \log x\,dx,\ \int y^2dy = \int \log x\,dx$$
$$\frac{1}{3}y^3 = x\log x - \int 1dx = x\log x - x + C$$
$$\therefore\ y^3 = 3x\log x - 3x + 3C$$

手順 3．ここで ㋓ $3C$ をあらためて C とおくと，次の一般解が求まる．

㋔ $y^3 = 3x(\log x - 1) + C$ （C:任意定数）

(2) 手順 4．条件より $x =$ ㋕ e のとき $y =$ ㋖ 1

なので，一般解に代入して C を定めると

㋗ $1 = 3e(\log e - 1) + C = 0 + C \quad \therefore\ C = 1$

ゆえに求める特殊解は

㋘ $y^3 = 3x(\log x - 1) + 1$

p.21 演習 5

解 答 (1) 手順 1．標準形に直すとき両辺を y で割りたいので，関数 $y = 0$ が解かどうか調べておこう．

㋐
左辺 $= 0' = 0$，右辺 $= \dfrac{0}{x+1} = 0.$

左辺 = 右辺 なので $y = 0$ は解．

$y \neq 0$ のとき両辺を y で割って標準形に直すと

㋑ $\dfrac{1}{y}y' = \dfrac{1}{x+1}$，　$\dfrac{1}{y}\dfrac{dy}{dx} = \dfrac{1}{x+1}$

手順 2. 両辺を x で積分する.

㋒ $\int\left(\frac{1}{y}\frac{dy}{dx}\right)dx=\int\frac{1}{x+1}dx,\quad \int\frac{1}{y}dy=\int\frac{1}{x+1}dx$

$\log|y|=\log|x+1|+C'$

手順 3. 式を整えるために任意定数を対数の形に直して変形してゆくと

㋓ $\log|y|=\log|x+1|+\log e^{C'}=\log e^{C'}|x+1|$

$\therefore\quad |y|=e^{C'}|x+1|$

$y=\pm e^{C'}(x+1)$

任意定数をおきかえて一般解を求めると

㋔ $\pm e^{C'}=C$ とおくと一般解は

$y=C(x+1)\quad (C$: 任意定数)

はじめに得られた $y=0$ という解は

$C=$ ㋕ [0] とおけばこの解に含まれる.

(2) たとえば $C=$ ㋖ [-2], ㋗ [-1], ㋘ [0], ㋙ [1], ㋚ [2] のときを描くと図㋛の曲線群が描ける.

㋛

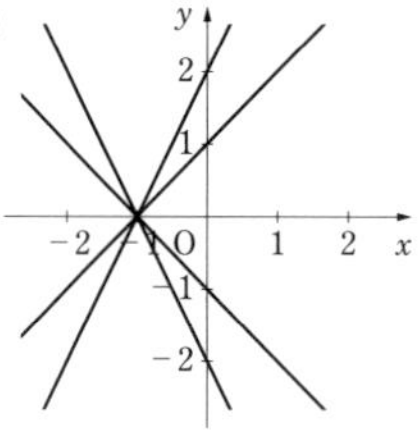

(㋖〜㋛は一例)

p.25 ● 演習 6

解 答 (1) **手順 1.** $u=$ ㋐ [$x-y$] とおいて両辺を微分すると

㋑ $u'=(x-y)'=1-y'\quad\therefore\quad y'=1-u'$

手順 2. これをもとの方程式に代入する.

まず $u\neq 1$ として変形すると

㋒ $1-u'=\frac{1}{u},\qquad u'=1-\frac{1}{u}=\frac{u-1}{u}$

$u\neq 1$ のとき $\frac{u}{u-1}u'=1$ (変数分離形)

手順 3. 求まった変数分離形の方程式を解くと

㋓ $\frac{u}{u-1}u'=1,\qquad \left(1+\frac{1}{u-1}\right)u'=1$

両辺を x で積分すると $\int\left(1+\frac{1}{u-1}\right)du=\int dx$

$u+\log|u-1|=x+C'$

手順 4. u をもとにもどして一般解を求めると

㋔ $(x-y)+\log|x-y-1|=x+C'$

$\log|x-y-1|=y+C'$

$x-y-1=\pm e^{C'}e^{y}.$

任意定数をおきかえて

$x-y-1=Ce^{y},\qquad y+Ce^{y}=x-1.$

$u=1$ のとき ㋕ [$x-y$] $=1$, これより $y=$ ㋖ [$x-1$].

これはもとの微分方程式の解となっている. なぜなら

左辺 = 右辺 = ㋗ [1]

しかしこの解は, 求めた一般解において $C=$ ㋘ [0] とすれば得られるので, 一般解に含まれる. ゆえに一般解は

㋙ $y+Ce^{y}=x-1\quad (C$: 任意定数)

(2) **手順 5.** 特殊解を求める.

条件は $x=$ ㋚ [2] のとき $y=$ ㋛ [0] なので, これを一般解に代入して C の値を求めると

㋜ $0+Ce^{0}=2-1,\qquad C=1$

これより, 求める特殊解は

㋝ $y+e^{y}=x-1$

p.29 ● 演習 7

解 答 まず変形して, 同次形であることを確かめよう.

(1) **手順 1.** 変形して $\frac{y}{x}$ をひとかたまりにして標準形に直すと

㋐ $y'=\frac{x^2}{xy}+\frac{2y^2}{xy}=\frac{x}{y}+2\frac{y}{x}=\frac{1}{\left(\frac{y}{x}\right)}+2\left(\frac{y}{x}\right)$

手順 2. $\frac{y}{x}=u$ とおいて, u と x についての変数分離形の方程式に直すと

㋑ $y=ux,\ y'=u'x+u$ を代入すると

$u'x+u=\frac{1}{u}+2u,\ u'x=\frac{1}{u}+u,\ u'x=\frac{1+u^2}{u}$

$\frac{u}{1+u^2}u'=\frac{1}{x}$ (変数分離形)

手順 3. 両辺を x で積分すると

㋒ $\int\frac{u}{1+u^2}du=\int\frac{dx}{x},\quad \frac{1}{2}\log(1+u^2)=\log|x|+C'$

$\log(1+u^2)=2\log|x|+2C'$

$\log(1+u^2)=\log(e^{2C'}x^2)$

$1+u^2=Cx^2\quad (C=e^{2C'})$

$u^2=Cx^2-1\quad (C$: 正の任意定数)

手順 4.　$u=\dfrac{y}{x}$ を代入してもとにもどし一般解を求めると，

[エ]
$$\left(\frac{y}{x}\right)^2=Cx^2-1$$
$$y^2=x^2(Cx^2-1)\quad (C：正の任意定数)$$

(2)　手順 6.　条件は $x=$[オ] $\boxed{\sqrt{2}}$ のとき $y=$[カ] $\boxed{\sqrt{2}}$ なので，代入して C を求めると

[キ]
$$(\sqrt{2})^2=(\sqrt{2})^2\{C(\sqrt{2})^2-1\}$$
$$2C-1=1$$
$$\therefore\quad C=1$$

ゆえに求める特殊解は

[ク] $\boxed{y^2=x^2(x^2-1)}$

p.31 ● 演習 8

解 答 手順 1.　変形して同次形の標準形に直す．

[ア]
$$y'=\frac{\left(\dfrac{y}{x}\right)^2}{\left(\dfrac{y}{x}\right)-1}$$

手順 2.　$\dfrac{y}{x}=u$ とおいて変形し，整理する．

[イ]
$y=ux,\ y'=u'x+u$ より
$$u'x+u=\frac{u^2}{u-1},\qquad (u-1)(u'x+u)=u^2$$
$$x(u-1)u'=u$$

[ウ] $\boxed{u}\neq 0$ のとき変数分離形の標準形に直すと

[エ]
$$\frac{u-1}{u}u'=\frac{1}{x}$$

手順 3.　両辺を x で積分する．

[オ]
$$\int\frac{u-1}{u}\,du=\int\frac{1}{x}\,dx$$
$$\int\left(1-\frac{1}{u}\right)du=\int\frac{1}{x}\,dx$$
$$u-\log|u|=\log|x|+C'$$
$$u=\log|ux|+C'=\log|ux|+\log e^{C'}=\log e^{C'}|ux|$$
$$e^{C'}|ux|=e^u,\qquad ux=\pm e^{-C'}e^u$$
$$ux=Ce^u\quad (C=\pm e^{-C'})$$

手順 4.　$u=\dfrac{y}{x}$ とおいてもとにもどし一般解を求める．

[カ] $\boxed{y=Ce^{\frac{y}{x}}\quad (C：任意定数)}$

手順 5.　[キ] $\boxed{u}=0$ のとき，$u=\dfrac{y}{x}$ より関数[ク] $\boxed{y=0}$ が得られる．

もとの方程式に代入して解となるかどうか調べると

[ケ]
$$左辺=0'=0,\qquad 右辺=\frac{0^2}{x\cdot 0-x^2}=0$$
左辺＝右辺より解である．

しかしこれは手順 4 で求めた一般解において $C=$[コ] $\boxed{0}$ とおけば得られる．ゆえに一般解は

[サ] $\boxed{y=Ce^{\frac{y}{x}}\quad (C：任意定数)}$

p.35 ● 演習 9

解 答 手順 1.　1 階線形微分方程式の標準形に直すために両辺を[ア] $\boxed{x}$ で割ると

[イ]
$$y'+\frac{1}{x}y=\frac{1}{1+x^2}\qquad\cdots(*)$$

手順 2.　次の同次方程式を解く．

[ウ]
$$y'+\frac{1}{x}y=0$$

変数分離形の標準形に直して解を求めると

[エ]
$y\neq 0$ として $\dfrac{1}{y}y'=-\dfrac{1}{x}$

両辺を x で積分して $\log|y|=-\log|x|+A_0$
$$|y|=\frac{e^{A_0}}{|x|},\qquad y=\frac{A}{x}\quad (A=\pm e^{A_0})$$

手順 3.　いま求めた解における任意定数 A を x の関数 $A(x)$ と考えると

[オ]
$$y=\frac{A(x)}{x}\qquad\cdots(**)$$

これが $(*)$ の解となるように $A(x)$ を決める．

$(*)$ に代入すると

[カ]
$$\left\{\frac{A(x)}{x}\right\}'+\frac{1}{x}\left\{\frac{A(x)}{x}\right\}=\frac{1}{1+x^2}$$

計算して $A(x)$ を求めると

[キ]
$$\frac{A'(x)x-A(x)}{x^2}+\frac{A(x)}{x^2}=\frac{1}{1+x^2}$$
$$\frac{A'(x)}{x^2}=\frac{1}{1+x^2},\qquad A'(x)=\frac{x}{1+x^2}$$
$$A(x)=\int\frac{x}{1+x^2}\,dx=\frac{1}{2}\log(1+x^2)+C$$

手順 4.　求めた $A(x)$ を $(**)$ に代入すると一般解が求まる．

[ク]
$$y=\frac{1}{x}\left\{\frac{1}{2}\log(1+x^2)+C\right\}\quad (C：任意定数)$$

p.39 演習 10

解 答 (1) 手順 1. 1 階線形微分方程式の標準形になっているので OK.

$P(x), Q(x)$ を書き出すと

$P(x) =$ ㋐ $\boxed{2}$,　　$Q(x) =$ ㋑ $\boxed{x}$

手順 2. 積分因子 $F(x)$ を求める.

$\int P(x)\,dx =$ ㋒ $\boxed{\int 2dx = 2x}$ より $F(x) = e^{\int P(x)\,dx}$

$=$ ㋓ $\boxed{e^{\int 2dx} = e^{2x}}$

手順 3. 方程式の両辺に積分因子 $F(x)$ をかけて変形すると

㋔ $\boxed{e^{2x}y' + 2e^{2x}y = xe^{2x}, \qquad (e^{2x}y)' = xe^{2x}}$

手順 4. 両辺を x で積分すると

㋕
$$\int (e^{2x}y)'dx = \int xe^{2x}dx$$
$$e^{2x}y = \frac{1}{2}xe^{2x} - \frac{1}{2}\int e^{2x}dx = \frac{1}{2}xe^{2x} - \frac{1}{4}e^{2x} + C$$

ゆえに一般解は

㋖
$$y = \frac{1}{e^{2x}}\left(\frac{1}{2}xe^{2x} - \frac{1}{4}e^{2x} + C\right)$$
$$= e^{-2x}\left\{\frac{1}{4}(2x-1)e^{2x} + C\right\}$$
$$\therefore \quad y = \frac{1}{4}(2x-1) + Ce^{-2x} \quad (C：任意定数)$$

(2) 初期条件は $x =$ ㋗ $\boxed{0}$ のとき $y =$ ㋘ $\boxed{1}$ なので一般解に代入して C を求めると

㋙
$$1 = \frac{1}{4}(2\cdot 0 - 1) + Ce^{-2\cdot 0}$$
$$1 = -\frac{1}{4} + C \qquad \therefore \quad C = \frac{5}{4}$$

したがって求める特殊解は

㋚ $$y = \frac{1}{4}(2x-1) + \frac{5}{4}e^{-2x}$$

p.43 演習 11

解 答 (1) 手順 1. はじめから 1 階線形微分方程式の標準形になっているので OK.

$P(x), Q(x)$ を書き出すと

$P(x) =$ ㋐ $\boxed{-3}$,　　$Q(x) =$ ㋑ $\boxed{x}$

手順 2. $e^{\int P(x)\,dx}$ を求める.

$e^{\int P(x)\,dx} =$ ㋒ $\boxed{e^{\int(-3)dx} = e^{-3x}}$

手順 3. 公式へ代入して一般解を求める.

$$y = \frac{1}{㋓\ \boxed{e^{-3x}}}\left[\int ㋔\ \boxed{xe^{-3x}}\,dx + C\right]$$

部分積分で積分して計算すると

$y =$ ㋕
$$e^{3x}\left\{-\frac{1}{3}xe^{-3x} - \left(-\frac{1}{3}\right)\int e^{-3x}dx + C\right\}$$
$$= e^{3x}\left\{-\frac{1}{3}xe^{-3x} + \frac{1}{3}\left(-\frac{1}{3}\right)e^{-3x} + C\right\}$$
$$= e^{3x}\left\{-\frac{1}{9}(3x+1)e^{-3x} + C\right\}$$
$$= -\frac{1}{9}(3x+1) + Ce^{3x}$$

ゆえに一般解は

㋖ $$y = -\frac{1}{9}(3x+1) + Ce^{3x} \quad (C：任意定数)$$

(2) 初期条件は $x =$ ㋗ $\boxed{0}$ のとき $y =$ ㋘ $\boxed{1}$ なので, 一般解へ代入して C を定めると

㋙ $$1 = -\frac{1}{9} + C, \qquad C = \frac{10}{9}$$

ゆえに求める特殊解は

㋚ $$y = -\frac{1}{9}(3x+1) + \frac{10}{9}e^{3x}$$

p.45 演習 12

解 答 手順 1. 標準形に直すため, $x \neq 0$ として両辺を x で割ると ㋐ $\boxed{y' - \frac{1}{x}y = \frac{x^3}{1+x^2}}$

これより

$P(x) =$ ㋑ $\boxed{-\frac{1}{x}}$,　　$Q(x) =$ ㋒ $\boxed{\frac{x^3}{1+x^2}}$

手順 2. $e^{\int P(x)\,dx}$ を求める.

$e^{\int P(x)\,dx} =$ ㋓ $\boxed{e^{\int\left(-\frac{1}{x}\right)dx} = e^{-\log|x|} = e^{\log|x|^{-1}} = |x|^{-1}}$

手順 3. 公式に代入して一般解を求める.

$y =$ ㋔
$$\frac{1}{|x|^{-1}}\left\{\int \frac{x^3}{1+x^2}|x|^{-1}dx + C\right\}$$
$$= x\left\{\int \frac{x^2}{1+x^2}dx + C\right\}$$
$$= x\left\{\int\left(1 - \frac{1}{1+x^2}\right)dx + C\right\} = x(x - \tan^{-1}x + C)$$

ゆえに一般解は

㋕ $\boxed{y = x(x - \tan^{-1}x + C) \quad (C：任意定数)}$

p.49 演習 13

解 答 方程式は

$$y' + \frac{1}{x}y = x^3y^{㋐\ \boxed{-2}}$$

とかけるので $k = {}^{\textcircled{a}}\boxed{-2}$ のベルヌーイの方程式である。

手順1. 両辺に $(-k+1)\,y^{-k} = {}^{\textcircled{b}}\boxed{3y^2}$ をかけると

$$\boxed{3y^2y' + \dfrac{3}{x}\,y^2y = 3x^3 \qquad \therefore \quad (y^3)' + \dfrac{3}{x}\,y^3 = 3x^3}\ {}^{\textcircled{\scriptsize ウ}}$$

手順2. $u = {}^{\textcircled{\scriptsize エ}}\boxed{y^3}$ とおくと

$$\boxed{u' + \dfrac{3}{x}\,u = 3x^3}\ {}^{\textcircled{\scriptsize オ}}\quad (\text{1 階線形微分方程式})$$

手順3. この方程式を解く。

$$P(x) = {}^{\textcircled{\scriptsize カ}}\boxed{\dfrac{3}{x}}, \qquad Q(x) = {}^{\textcircled{\scriptsize キ}}\boxed{3x^3}$$

なので

$${}^{\textcircled{\scriptsize ク}}\boxed{\begin{aligned}&e^{\int \frac{3}{x}\,dx} = e^{3\log x} = e^{\log x^3} = x^3\\[4pt]&\therefore \quad u = \dfrac{1}{x^3}\left\{\int 3x^3 \cdot x^3 dx + C\right\}\\[4pt]&\qquad = \dfrac{1}{x^3}\left\{3\int x^6 dx + C\right\}\\[4pt]&\qquad = \dfrac{1}{x^3}\left(\dfrac{3}{7}x^7 + C\right) = \dfrac{3}{7}x^4 + \dfrac{C}{x^3}\end{aligned}}$$

手順4. u をもとにもどすと一般解が求まる。

$${}^{\textcircled{\scriptsize ケ}}\boxed{y^3 = \dfrac{3}{7}x^4 + \dfrac{C}{x^3}}\quad (C: \text{任意定数})$$

p.51 ● 演習 14

∷ 解 答 ∷ (1) $F(x,y) = x^2 + y^2$ とおき偏微分する。

$$F_x = (x^2 + y^2)_x = {}^{\textcircled{\scriptsize ア}}\boxed{2x + 0 = 2x}$$
$$F_y = (x^2 + y^2)_y = {}^{\textcircled{\scriptsize イ}}\boxed{0 + 2y = 2y}$$

これより

$$d(x^2 + y^2) = {}^{\textcircled{\scriptsize ウ}}\boxed{2x\,dx + 2y\,dy}$$

(2) 微分方程式 $x\,dx + y\,dy = 0$ の両辺を ${}^{\textcircled{\scriptsize エ}}\boxed{2}$ 倍とすると、(1)より左辺は
${}^{\textcircled{\scriptsize オ}}\boxed{x^2 + y^2}$ の全微分になっているので

$${}^{\textcircled{\scriptsize カ}}\boxed{\begin{aligned}&2x\,dx + 2y\,dy = 0\\&d(x^2 + y^2) = 0\\&x^2 + y^2 = C \quad (C: \text{任意定数})\end{aligned}}$$

p.57 ● 演習 15

∷ 解 答 ∷ 手順1. すでに標準形になっている。
$P = {}^{\textcircled{\scriptsize ア}}\boxed{3x^2y^4}$, $\qquad Q = \boxed{4x^3y^3 - 1}$

手順2. $P_y = Q_x$ が成立するかどうか調べる。

$$P_y = {}^{\textcircled{\scriptsize イ}}\boxed{3x^2 \cdot 4y^3 = 12x^2y^3},$$
$$Q_x = {}^{\textcircled{\scriptsize ウ}}\boxed{12x^2y^3 - 0 = 12x^2y^3}$$

ゆえにこの方程式は ${}^{\textcircled{\scriptsize エ}}\boxed{\text{完全微分方程式}}$ である。

したがって

$$F_x = {}^{\textcircled{\scriptsize オ}}\boxed{3x^2y^4} \qquad \cdots\text{②},$$
$$F_y = {}^{\textcircled{\scriptsize カ}}\boxed{4x^3y^3 - 1} \qquad \cdots\text{③}$$

となる $F(x,y)$ が存在する。

手順3. ②を x で積分, ③を y 積分すると

$$F = {}^{\textcircled{\scriptsize キ}}\boxed{\int 3x^2y^4\,dx = x^3y^4 + p(y)} \qquad \cdots\text{②}'$$
$$(p(y) \text{ は } y \text{ のみの関数})$$

$$F = {}^{\textcircled{\scriptsize ク}}\boxed{\int (4x^3y^3 - 1)\,dy = x^3y^4 - y + q(x)} \qquad \cdots\text{③}'$$
$$(q(x) \text{ は } x \text{ のみの関数})$$

手順4. ②′, ③′ より $p(y)$ または $q(x)$ を求める。

$${}^{\textcircled{\scriptsize ケ}}\boxed{\begin{aligned}&x^3y^4 + p(y) = x^3y^4 - y + q(x)\\&p(y) + y = q(x) = C'\end{aligned}}$$

$$\therefore \quad p(y) = {}^{\textcircled{\scriptsize コ}}\boxed{C' - y}, \qquad q(x) = {}^{\textcircled{\scriptsize サ}}\boxed{C'} \quad (C': \text{定数})$$

手順5. ③′ に $q(x)$ を代入して $F(x,y)$ を求めると
$F(x,y) = {}^{\textcircled{\scriptsize シ}}\boxed{x^3y^4 - y + C'}$

手順6. ゆえに一般解は

$${}^{\textcircled{\scriptsize ス}}\boxed{\begin{aligned}&x^3y^4 - y + C' = C''.\\&C'' - C' = C \text{ とおくと,}\\&x^3y^4 - y = C \quad (C: \text{任意定数})\end{aligned}}$$

p.59 ● 演習 16

∷ 解 答 ∷ 手順1. 標準形に直して P と Q を決める。

$${}^{\textcircled{\scriptsize ア}}\boxed{\begin{aligned}&(2xy - e^x\cos y)\dfrac{dy}{dx} = e^x\sin y - y^2\\&(e^x\sin y - y^2)\,dx + (e^x\cos y - 2xy)\,dy = 0\end{aligned}}$$

$$\therefore \quad P = {}^{\textcircled{\scriptsize イ}}\boxed{e^x\sin y - y^2}, \qquad Q = {}^{\textcircled{\scriptsize ウ}}\boxed{e^x\cos y - 2xy}$$

手順2. 完全微分方程式であることを確認する。

$${}^{\textcircled{\scriptsize エ}}\boxed{\begin{aligned}&P_y = (e^x\sin y - y^2)_y = e^x\cos y - 2y,\\&Q_x = (e^x\cos y - 2xy)_x = e^x\cos y - 2y\\&P_y = Q_x \text{ となり完全微分形である。}\end{aligned}}$$

ゆえに

$$F_x = {}^{\textcircled{\scriptsize オ}}\boxed{e^x\sin y - y^2} \qquad \cdots\text{②},$$
$$F_y = {}^{\textcircled{\scriptsize カ}}\boxed{e^x\cos y - 2xy} \qquad \cdots\text{③}$$

となる $F(x,y)$ が存在する。

手順3. ②を x で積分, ③を y で積分して

$${}^{\textcircled{\scriptsize キ}}\boxed{\begin{aligned}&F = \int (e^x\sin y - y^2)\,dx = e^x\sin y - y^2x + p(y)\\&F = \int (e^x\cos y - 2xy)\,dy = e^x\sin y - xy^2 + q(x)\end{aligned}}$$

$$(p(y): y \text{ のみの関数}, \ q(x): x \text{ のみの関数})$$

手順4. 手順3の結果より $p(y), q(x)$ を求めると

㋗ $e^x\sin y - y^2x + p(y) = e^x\sin y - xy^2 + q(x)$
$p(y) = q(x) = C'$

手順5.　Fを求めると

㋘ $F = e^x\sin y - xy^2 + C'$

手順6.　ゆえに一般解は

㋙ $e^x\sin y - xy^2 = C$　(C:任意定数)

p.61 演習17

解 答 $P=$㋐ y , $Q=$㋑ $-x$ なので

$P_y=$㋒ 1 ,　$Q_x=$㋓ -1

ゆえに①は㋔ 完全微分形 ではない. そこで $y \neq 0$ として①の両辺に y^{-2} をかけると

㋕ $y^{-2}ydx - y^{-2}xdy = 0$
$y^{-1}dx - xy^{-2}dy = 0$　…①′

ここで $P^*=$㋖ y^{-1} ,　$Q^*=$㋗ $-xy^{-2}$ とおくと

$P^*_y=$㋘ $-y^{-2}$,　$Q^*_x=$㋙ $-y^{-2}$

なので①′は完全微分形. ゆえに

$F_x=$㋚ y^{-1}　…②,　$F_y=$㋛ $-xy^{-2}$　…③

をみたす $F(x, y)$ が存在する. それぞれ積分して

㋜ $F=\int y^{-1}dx = xy^{-1} + p(y)$
$F=\int(-xy^{-2})dy = xy^{-1} + q(x)$
$xy^{-1} + p(y) = xy^{-1} + q(x)$
$\therefore\ p(y) = q(x) = C'$

$\therefore\ F(x, y) =$㋝ $xy^{-1} + C'$

ゆえに①′の一般解は

㋞ $xy^{-1} = C'', y = Cx$　(C:任意定数)

これは①の一般解でもある.
一般解の曲線群は図のようになる.

㋟
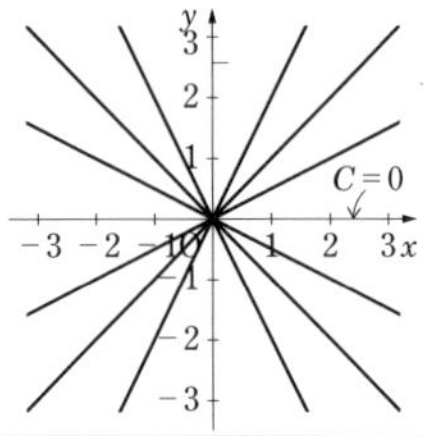

p.65 演習18

解 答 $P=$㋐ $x^2 - 3y^2$, $Q=$㋑ $2xy$ とおくと

$P_y=$㋒ $-6y$,　$Q_x=$㋓ $2y$

なので完全微分形ではない.
そこで積分因子 M を求める.

㋔ $P_y - Q_x = -6y - 2y = -8y$
$\dfrac{P_y - Q_x}{Q} = \dfrac{-8y}{2xy} = -\dfrac{4}{x} = f(x)$: xのみの関数
$M(x) = e^{\int f(x)dx} = e^{\int\left(-\frac{4}{x}\right)dx} = e^{-4\log|x|} = e^{\log x^{-4}} = x^{-4}$

①の両辺に M をかけると

㋕ $x^{-4}(x^2 - 3y^2)dx + 2x^{-3}ydy = 0$　…②

これは完全微分形なので, 左辺が全微分となっている $F(x, y)$ を求めると

㋖ $P^* = x^{-4}(x^2 - 3y^2) = x^{-2} - 3x^{-4}y^2$, $Q^* = 2x^{-3}y$
$\therefore\ F_x = x^{-2} - 3x^{-4}y^2$, $F_y = 2x^{-3}y$ となる
$F(x, y)$が存在する.
それぞれ x と y で積分すると
$F = -x^{-1} + x^{-3}y^2 + p(y)$
$F = x^{-3}y^2 + q(x)$
これより $-x^{-1} + p(y) = q(x)$
$q(x) + x^{-1} = p(y) = C'$
$\therefore\ F = -\dfrac{1}{x} + \dfrac{y^2}{x^3} + C'$

ゆえに一般解は

㋗ $-\dfrac{1}{x} + \dfrac{y^2}{x^3} = C$
$\therefore\ y^2 = Cx^3 + x^2$　(C:任意定数)

p.69 演習19

解 答 手順1.　因数分解すると

㋐ $(p - x)\{p + (x + y)\} = 0$

手順2.　上式より

$p - x = 0$　または　㋑ $p + (x + y) = 0$

手順3.　はじめの微分方程式を解くと

㋒ $p - x = 0$ より $y' = x$ (直接積分形)
積分して　$y = \dfrac{1}{2}x^2 + C$

次に㋑を解くと

㋓ $p + (x + y) = 0$ より
$y' + y = -x$ (1階線形微分方程式)
$P(x) = 1$, $Q(x) = -x$ として公式に代入すると
$y = e^{-x}\left\{-\int xe^x dx + C\right\}$
部分積分を行って
$y = e^{-x}\{e^x(-x + 1) + C\} = -x + 1 + Ce^{-x}$
$\therefore\ y = -x + Ce^{-x} + 1$

手順4.　これらより求める一般解は

㋔
$$\left(y-\frac{1}{2}x^2-C\right)(y+x-Ce^{-x}-1)=0$$
書き直して
$$(x^2-2y+C)(x+Ce^{-x}+y-1)=0$$
（C：任意定数）

最後に㋒で求めた一般解の曲線群を図に追加すると㋔の一般解の曲線群が描ける．

㋕
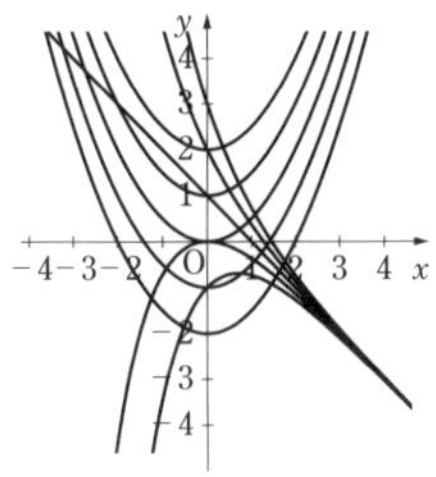

p.73 演習 20

解答 手順 1．標準形なので，このままでよい．

手順 2．両辺を x で微分して整理すると

㋐
$$y'=(px-\log p)'=(px)'-(\log p)'$$
$$=(p'x+p)-\frac{1}{p}p'$$
$$p=p'x+p-\frac{1}{p}p'$$
$$p'\left(x-\frac{1}{p}\right)=0$$

手順 3．上式より

㋑ $p'=0$ 　または ㋒ $x-\dfrac{1}{p}=0$

手順 4．㋑の場合

両辺を x で積分すると ㋓ $p=C$．

これをもとの方程式に代入すると次のように ㋔ 一般 解が求まる．

㋕ $y=Cx-\log C$ （C:正の任意定数）

手順 5．㋒の場合

もとの方程式と連立させると

㋖
$$\begin{cases} y=px-\log p & \cdots ① \\ x-\dfrac{1}{p}=0 & \cdots ② \end{cases}$$

これらより p を消去すると

㋗ ②より $p=\dfrac{1}{x}$

①に代入すると $y=\dfrac{1}{x}x-\log\dfrac{1}{x}$

∴ $y=1+\log x$

これは ㋘ 特異 解である．

p.74 総合演習 1

（p.74 の番号で何形か示す．C はいずれも任意定数）

（1） [3] $(x-y)^2+2x=C$

（2） [2] または [5] $y=Ce^{\frac{1}{x}}$

（3） [5] $y=\dfrac{1}{3}x^2+C\sqrt{x}$

（4） [1] または [2] $y=\sin x+x+C$

（5） [4] $y^2=x^2(2\log|x|+C)$

（6） [1] または [2] $y=\dfrac{1}{2}\log(x^2+1)+C$

（7） [5] $y=\log x-1+\dfrac{C}{x}$

（8） [2] $x^2+y^2+2(x-y)=C$

（9） [7] $x^3+3xy+y^3=C$

（10） [8] $x^2+y^2=Cx$（積分因子 x^{-2}）

（11） [4] または [7] $x^2-2xy-y^2=C$

（12） [10] $y=Cx+\dfrac{1}{C}$，特異解 $y^2=4x$

（13） [6] $\dfrac{1}{y^3}=Ce^x-2x-1$

（14） [9] $(y-Ce^{-x})(y-Ce^x)=0$

（15） [9] $(y-Cx^2)(x^3y-C)=0$

（16） [4] $(y-3x)^3(y+x)=C$

（17） [6] $\dfrac{1}{y}=1+Ce^{-\cos x}$

（18） [10] $y=Cx+\sqrt{1+C^2}$，$y=\sqrt{1-x^2}$

〔参考〕（18）の一般解の曲線群と特異解のグラフ

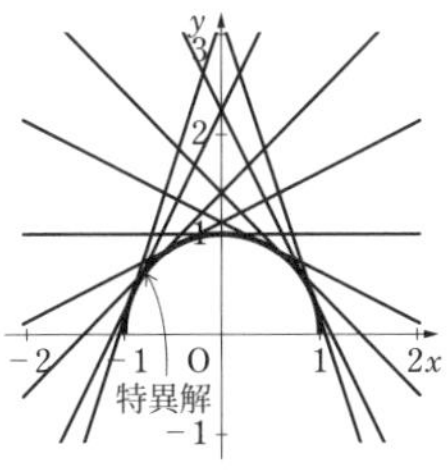

第2章 線形微分方程式

p.85 ● 演習21

解答 $a_1y_1+a_2y_2=O(x)$　とおいてみると

㋐ $a_1\sin x+a_2\cos x=0$

がすべての $x\ (0 \leqq x \leqq \pi)$ について成立する．

特に $x=0$ とおくと ㋑ $a_1\sin 0+a_2\cos 0=0$

これより　$a_2=$ ㋒ 0

特に $x=\dfrac{\pi}{2}$ とおくと ㋓ $a_1\sin\dfrac{\pi}{2}+a_2\cos\dfrac{\pi}{2}=0$

これより $a_1=$ ㋔ 0 なので y_1 と y_2 は線形 ㋕ [独立] である．

p.91 ● 演習22

解答 (1)　微分方程式の左辺に代入して 0 になることを示す．

㋐
$y_1=\sin x,\quad y_1'=\cos x,\quad y_1''=-\sin x$

$\therefore\quad y_1''+y_1=-\sin x+\sin x=0$

$y_2=\cos x,\quad y_2'=-\sin x,\quad y_2''=-\cos x$

$\therefore\quad y_2''+y_2=-\cos x+\cos x=0$

ゆえに y_1, y_2 ともに $y''+y=0$ をみたす．

(2)　ロンスキー行列式 $W(y_1, y_2)$ を調べる．

㋑
$$W(y_1, y_2)=\begin{vmatrix}\sin x & \cos x\\ (\sin x)' & (\cos x)'\end{vmatrix}=\begin{vmatrix}\sin x & \cos x\\ \cos x & -\sin x\end{vmatrix}$$
$$=-\sin^2 x-\cos^2 x=-1\neq O(x)$$

ゆえに y_1, y_2 は線形 ㋒ [独立]．

(3)　(1), (2)より，　$\{\sin x, \cos x\}$

は微分方程式の ㋓ [基本解] であることがわかったので一般解は

㋔ $y=C_1\sin x+C_2\cos x\quad (C_1, C_2$：任意定数$)$

p.100 ● 演習23

解答　手順1．特性方程式は

㋐ $\lambda^2-6\lambda+8=0$

手順2．特性方程式を解くと

㋑ $(\lambda-4)(\lambda-2)=0\qquad\therefore\ \lambda=4, 2$

手順3．基本解は

㋒ $y_1=e^{4x},\quad y_2=e^{2x}$

手順4．一般解は

㋓ $y=C_1e^{4x}+C_2e^{2x}\quad (C_1, C_2$：任意定数$)$

p.101 ● 演習24

解答 手順1．特性方程式は

㋐ $\lambda^2+10\lambda+25=0$

手順2．特性方程式を解くと

㋑ $(\lambda+5)^2=0,\qquad \lambda=-5$ (重解)

手順3．基本解は

㋒ $y_1=e^{-5x},\qquad y_2=xe^{-5x}$

手順4．一般解は

㋓ $y=C_1e^{-5x}+C_2xe^{-5x}\quad (C_1, C_2$：任意定数$)$

p.103 ● 演習25

解答 (1)　手順1．特性方程式は

㋐ $\lambda^2+2\lambda+5=0$．

手順2．特性方程式を解き，解 λ_1, λ_2 を求める．

㋑
解の公式を使って

$\lambda=-1\pm\sqrt{(-1)^2-5}=-1\pm\sqrt{-4}=-1\pm 2i$

$\lambda_1=-1+2i,\quad \lambda_2=-1-2i$

手順3．複素数解の実数部分を α，虚数部分を β とすると，

$\alpha=$ ㋒ -1，$\beta=$ ㋓ 2 となるので，基本解は

㋔ $y_1=e^{-x}\cos 2x,\ y_2=e^{-x}\sin 2x$

手順4．一般解は

㋕ $y=C_1e^{-x}\cos 2x+C_2e^{-x}\sin 2x$
$(C_1, C_2$：任意定数$)$

(2)　手順5．一般解 y を微分して y' を求める．

㋖
$$\begin{aligned}y&=e^{-x}(C_1\cos 2x+C_2\sin 2x)\\ y'&=(e^{-x})'(C_1\cos 2x+C_2\sin 2x)\\ &\quad+e^{-x}(C_1\cos 2x+C_2\sin 2x)'\\ &=-e^{-x}(C_1\cos 2x+C_2\sin 2x)\\ &\quad+e^{-x}(-C_1\sin 2x+2C_2\cos 2x)\end{aligned}$$

$x=0$ のとき $y=$ ㋗ -1，$y'=$ ㋘ 3 なので，C_1, C_2 に関する方程式をつくり C_1, C_2 の値を求めると

㋙
$$\begin{cases}-1=1\cdot(C_1\cdot 1+C_2\cdot 0)\\ 3=-1\cdot(C_1\cdot 1+C_2\cdot 0)+1\cdot(-C_1\cdot 0+2C_2\cdot 1)\end{cases}$$
$$\begin{cases}-1=C_1\\ 3=-C_1+2C_2\end{cases}$$

これより　$C_1=-1,\ C_2=1$

ゆえに求める特殊解は

㋚ $y=-e^{-x}\cos 2x+e^{-x}\sin 2x$

p.104 ● 演習 26

解 答 (1) 特性方程式は㋐ $\lambda^2-3=0$

これを解くと，㋑ $\lambda=\pm\sqrt{3}$

ゆえに基本解は㋒ $y_1=e^{\sqrt{3}x}$，$y_2=e^{-\sqrt{3}x}$

一般解は

㋓ $y=C_1e^{\sqrt{3}x}+C_2e^{-\sqrt{3}x}$ （C_1, C_2：任意定数）

(2) 特性方程式は㋔ $\lambda^2-3\lambda=0$

これを解くと，㋕ $\lambda=0, 3$

ゆえに基本解は㋖ $y_1=e^{0\cdot x}=1$,　$y_2=e^{3x}$

一般解は㋗ $y=C_1+C_2e^{3x}$ （C_1, C_2：任意定数）

(3) 特性方程式をつくって解くと

㋘ $\lambda^2+3=0$，$\lambda^2=-3$，$\lambda=\pm\sqrt{3}i$

ゆえに基本解は

㋙ $\alpha=0$，$\beta=\sqrt{3}$ なので $y_1=\cos\sqrt{3}x$，$y_2=\sin\sqrt{3}x$

一般解は㋚ $y=C_1\cos\sqrt{3}\,x+C_2\sin\sqrt{3}\,x$
（C_1, C_2：任意定数）

(4) 特性方程式をつくって解くと

㋛ $\lambda^2-6\lambda+5=0$
$(\lambda-5)(\lambda-1)=0$　∴　$\lambda=1, 5$

ゆえに基本解は

㋜ $y_1=e^x$,　$y_2=e^{5x}$

一般解は㋝ $y=C_1e^x+C_2e^{5x}$ （C_1, C_2：任意定数）

(5) ㋞ 特性方程式は $\lambda^2-6\lambda+10=0$
解くと $\lambda=3\pm\sqrt{9-10}=3\pm i$
基本解は $y_1=e^{3x}\cos x$，$y_2=e^{3x}\sin x$
一般解は $y=C_1e^{3x}\cos x+C_2e^{3x}\sin x$
（C_1, C_2：任意定数）

(6) ㋟ 特性方程式は $\lambda^2+8\lambda+16=0$
解くと $(\lambda+4)^2=0$，$\lambda=-4$（重解）
基本解は $y_1=e^{-4x}$,　$y_2=xe^{-4x}$
一般解は $y=C_1e^{-4x}+C_2xe^{-4x}$
（C_1, C_2：任意定数）
$y'=-4C_1e^{-4x}+C_2(e^{-4x}-4xe^{-4x})$ なので
初期条件 $x=0$ のとき $y=1$，$y'=-5$
を代入すると

$$\begin{cases}1=C_1\\-5=-4C_1+C_2\end{cases}\quad\therefore\quad\begin{cases}C_1=1\\C_2=-1\end{cases}$$

ゆえに求める特殊解は $y=(1-x)e^{-4x}$

p.107 ● 演習 27

解 答

(1) 特性方程式は㋐ $\lambda^3-4\lambda^2+5\lambda-2=0$

[$f(\lambda)=$ ㋑ $\lambda^3-4\lambda^2+5\lambda-2$ の因数分解]

㋒ $f(1)=0$ なので $f(\lambda)$ は $(\lambda-1)$ で割り切れる
（$f(2)=0$ を利用してもよい）.

$$\begin{array}{r|l} & \lambda^2-3\lambda+2 \\ \hline \lambda-1 & \lambda^3-4\lambda^2+5\lambda-2 \\ & \lambda^3-\lambda^2 \\ \hline & -3\lambda^2+5\lambda \\ & -3\lambda^2+3\lambda \\ \hline & 2\lambda-2 \\ & 2\lambda-2 \\ \hline & 0 \end{array}$$

∴　$f(\lambda)=(\lambda-1)(\lambda^2-3\lambda+2)$
$=(\lambda-1)(\lambda-1)(\lambda-2)$

これを解くと㋓ $(\lambda-1)^2(\lambda-2)=0$ より
$\lambda=1$（重解），$\lambda=2$

これらの解より基本解をつくると

$\lambda=$ ㋔ 1 （㋕ 2 重解）より㋖ $y_1=e^x$, $y_2=xe^x$

$\lambda=$ ㋗ 2 （㋘ 1 重解）より㋙ $y_3=e^{2x}$

これより，次の 3 つの関数が基本解となる.

㋚ $y_1=e^x$，$y_2=xe^x$，$y_3=e^{2x}$

ゆえに一般解は㋛ $y=C_1e^x+C_2xe^x+C_3e^{2x}$
（C_1, C_2, C_3：任意定数）

(2) ㋜ 特性方程式は $\lambda^4-2\lambda^3+2\lambda^2=0$
解くと $\lambda^2(\lambda^2-2\lambda+2)=0$
$\lambda=0$（2 重解），$\lambda=1\pm\sqrt{1-2}=1\pm i$
基本解は $\lambda=0$（2 重解）より
$y_1=e^{0\cdot x}=1$，$y_2=xe^{0\cdot x}=x$
$\lambda=1\pm i$（1 重解）より
$y_3=e^x\cos x$，$y_4=e^x\sin x$（$\alpha=1$, $\beta=1$）
一般解は $y=C_1+C_2x+C_3e^x\cos x+C_4e^x\sin x$
（C_1, C_2, C_3, C_4：任意定数）

p.115 演習 28

解答 手順 1. $y''+2y'+y=0$ の基本解を求める.

特性方程式をつくって解くと

[ア] $\lambda^2+2\lambda+1=0,\quad (\lambda+1)^2=0$
$\lambda=-1$ (重解)

ゆえに基本解は

$y_1=$ [イ] e^{-x}, $y_2=$ [ウ] xe^{-x}

手順 2. 特殊解 $v(x)$ を求める.

$W(y_1, y_2)=$ [エ] $\begin{vmatrix} e^{-x} & xe^{-x} \\ (e^{-x})' & (xe^{-x})' \end{vmatrix} = \begin{vmatrix} e^{-x} & xe^{-x} \\ -e^{-x} & e^{-x}-xe^{-x} \end{vmatrix}$
$=e^{-x}(e^{-x}-xe^{-x})-xe^{-x}(-e^{-x})=e^{-2x}$

$Q(x)=$ [オ] xe^{-x}

$\therefore\quad v(x)=-$ [カ] $e^{-x}\displaystyle\int\frac{[キ]\ xe^{-x}\ [ク]\ xe^{-x}}{[ケ]\ e^{-2x}}dx$

$+$ [コ] $xe^{-x}\displaystyle\int\frac{[サ]\ e^{-x}\ [シ]\ xe^{-x}}{[ス]\ e^{-2x}}dx$

$=$ [セ] $-e^{-x}\displaystyle\int x^2dx+xe^{-x}\int x\,dx$
$=-e^{-x}\cdot\dfrac{1}{3}x^3+xe^{-x}\cdot\dfrac{1}{2}x^2=\dfrac{1}{6}x^3e^{-x}$

手順 3. ゆえに一般解は

$y=$ [ソ] $C_1e^{-x}+C_2xe^{-x}+\dfrac{1}{6}x^3e^{-x}$
(C_1, C_2 : 任意定数)

p.117 演習 29

解答 手順1. $y''+4y=0$の基本解を求める.

特性方程式をつくって解くと

[ア] $\lambda^2+4=0,\ \lambda=\pm 2i$

これより基本解は $y_1=$ [イ] $\cos 2x$, $y_2=$ [ウ] $\sin 2x$

手順 2. $y''+4y=\sin x$ の特殊解 $v(x)$ を求める.

$W(y_1, y_2)=$

[エ] $\begin{vmatrix} \cos 2x & \sin 2x \\ (\cos 2x)' & (\sin 2x)' \end{vmatrix} = \begin{vmatrix} \cos 2x & \sin 2x \\ -2\sin 2x & 2\cos 2x \end{vmatrix}$
$=2\cos^2 2x+2\sin^2 2x=2$

$Q(x)=$ [オ] $\sin x$

なので $v(x)$ は

$v(x)=$

[カ] $-\cos 2x\displaystyle\int\frac{\sin 2x\cdot\sin x}{2}dx$
$+\sin 2x\displaystyle\int\frac{\cos 2x\cdot\sin x}{2}dx$
$=-\dfrac{1}{2}\cos 2x\displaystyle\int\frac{1}{2}(\cos x-\cos 3x)dx$
$+\dfrac{1}{2}\sin 2x\displaystyle\int\frac{1}{2}(\sin 3x-\sin x)dx$
$=-\dfrac{1}{4}\cos 2x\left(\sin x-\dfrac{1}{3}\sin 3x\right)$
$+\dfrac{1}{4}\sin 2x\left(-\dfrac{1}{3}\cos 3x+\cos x\right)$
$=-\dfrac{1}{12}(-\sin 3x\cos 2x+\cos 3x\sin 2x)$
$-\dfrac{1}{4}(\sin x\cos 2x-\cos x\sin 2x)$
$=\dfrac{1}{12}\sin x-\dfrac{1}{4}\sin(-x)=\dfrac{1}{12}\sin x+\dfrac{1}{4}\sin x$
$=\dfrac{1}{3}\sin x$

手順 3. ゆえに一般解は

$y=$ [キ] $C_1\cos 2x+C_2\sin 2x+\dfrac{1}{3}\sin x$
(C_1, C_2 : 任意定数)

p.121 演習 30

解答

手順 1. $y''-4y'+3y=0$ の基本解を求める.

[ア] 特性方程式をつくって解くと
$\lambda^2-4\lambda+3=0$
$(\lambda-3)(\lambda-1)=0$
$\lambda=1, 3$
ゆえに基本解は $y_1=e^x$, $y_2=e^{3x}$

手順 2. 未定係数法で特殊解 $v(x)$ をみつける.

$Q(x)=$ [イ] $10\sin x$ であり,

$\alpha+i\beta=$ [ウ] 0 $+i$ [エ] $\cdot 1$ $=i$ は特性方程式の解ではない

(つまり [オ] $\sin x$ は基本解の中に入っていない) ので

$v(x)=$ [カ] $A\cos x+B\sin x$

とおくと

$v'(x)=$ [キ] $-A\sin x+B\cos x$

$v''(x)=$ [ク] $-A\cos x-B\sin x$

なので, 方程式の左辺に代入すると

$v''-4v'+3v=$

[ケ] $(-A\cos x-B\sin x)-4(-A\sin x+B\cos x)$
$+3(A\cos x+B\sin x)$

$$= {}^{\textcircled{\scriptsize チ}} \boxed{(2A-4B)} \cos x + {}^{\textcircled{\scriptsize ツ}} \boxed{(4A+2B)} \sin x$$

これが $Q(x) = {}^{\textcircled{\scriptsize テ}} \boxed{10 \sin x}$ に一致するように定数を定める.

$\cos x$ と $\sin x$ の係数を比較すると

$${}^{\textcircled{\scriptsize ト}} \boxed{2A-4B=0, \qquad 4A+2B=10}$$

これを解くと

$${}^{\textcircled{\scriptsize ナ}} \boxed{A=2, \quad B=1}$$

ゆえに

$$v(x) = {}^{\textcircled{\scriptsize ニ}} \boxed{2\cos x + \sin x}$$

手順3. 以上より一般解は

$${}^{\textcircled{\scriptsize ヌ}} \boxed{\begin{array}{c} y = C_1 e^x + C_2 e^{3x} + (2\cos x + \sin x) \\ (C_1, C_2 : \text{任意定数}) \end{array}}$$

p.123 ● 演習31

:: 解 答 :: （途中計算は一部省略）

手順1. $y'' - 2y' + y = 0$ の基本解を求める.

${}^{\textcircled{\scriptsize ア}} \boxed{\begin{array}{l} \text{特性方程式を解くと} \\ \lambda^2 - 2\lambda + 1 = 0 \\ (\lambda - 1)^2 = 0 \\ \lambda = 1 \text{（重解）} \\ \text{ゆえに基本解は } y_1 = e^x, \ y_2 = xe^x \end{array}}$

手順2. 未定係数法で特殊解 $v(x)$ を求める.

$Q(x) = xe^x$ は基本解に含まれているので次のようにおく.

$$v(x) = {}^{\textcircled{\scriptsize イ}} \boxed{x^2 e^x (A_1 x + A_0)}$$

$v'(x), v''(x)$ を求めると

$v'(x) = {}^{\textcircled{\scriptsize ウ}} \boxed{\begin{array}{l} \{(A_1 x^3 + A_0 x^2) e^x\}' = (A_1 x^3 + A_0 x^2)' e^x \\ \qquad + (A_1 x^3 + A_0 x^2)(e^x)' \\ = \{A_1 x^3 + (3A_1 + A_0)x^2 + 2A_0 x\} e^x \end{array}}$

$v''(x) =$

${}^{\textcircled{\scriptsize エ}} \boxed{\begin{array}{l} \{A_1 x^3 + (3A_1 + A_0)x^2 + 2A_0 x\}' e^x \\ \quad + \{A_1 x^3 + (3A_1 + A_0)x^2 + 2A_0 x\}(e^x)' \\ = \{A_1 x^3 + (6A_1 + A_0)x^2 + (6A_1 + 4A_0)x + 2A_0\} e^x \end{array}}$

これより

$$v''(x) - 2v'(x) + v(x) = {}^{\textcircled{\scriptsize オ}} \boxed{(6A_1 x + 2A_0)e^x}$$

${}^{\textcircled{\scriptsize オ}}$ が微分方程式の右辺と一致するように定数を定めると

${}^{\textcircled{\scriptsize カ}} \boxed{\begin{array}{l} 6A_1 = 1, \ 2A_0 = 0 \quad \text{より} \\ A_1 = \dfrac{1}{6}, \ A_0 = 0 \end{array}}$

$$\therefore \quad v(x) = {}^{\textcircled{\scriptsize キ}} \boxed{\dfrac{1}{6} x^3 e^x}$$

手順3. これより一般解は

$y =$

${}^{\textcircled{\scriptsize ク}} \boxed{\begin{array}{c} y = C_1 e^x + C_2 x e^x + \dfrac{1}{6} x^3 e^x \quad (C_1, C_2 : \text{任意定数}) \end{array}}$

p.129 ● 演習32

:: 解 答 :: (1) 手順1. $x = e^t$ とおくと

$$xy' = {}^{\textcircled{\scriptsize ア}} \boxed{\dot{y}}, \quad x^2 y'' = {}^{\textcircled{\scriptsize イ}} \boxed{\ddot{y} - \dot{y}}$$

なので方程式に代入すると ${}^{\textcircled{\scriptsize ウ}} \boxed{\begin{array}{l}(\ddot{y} - \dot{y}) + 3\dot{y} + y = 0 \\ \ddot{y} + 2\dot{y} + y = 0\end{array}}$

手順2. 求まった方程式を解く.

特性方程式を解くと ${}^{\textcircled{\scriptsize エ}} \boxed{\begin{array}{l} \lambda^2 + 2\lambda + 1 = 0, \quad (\lambda + 1)^2 = 0 \\ \lambda = -1 \text{（重解）} \end{array}}$

ゆえに基本解は ${}^{\textcircled{\scriptsize オ}} \boxed{y_1 = e^{-t}, \ y_2 = te^{-t}}$

一般解は ${}^{\textcircled{\scriptsize カ}} \boxed{y = C_1 e^{-t} + C_2 t e^{-t}}$

手順3. $x = e^t$ なので

$$t = {}^{\textcircled{\scriptsize キ}} \boxed{\log x}$$

これを代入すると一般解が求まる.

${}^{\textcircled{\scriptsize ク}} \boxed{\begin{array}{l} y = C_1 x^{-1} + C_2 (\log x) x^{-1} \\ \quad = \dfrac{1}{x}(C_1 + C_2 \log x) \quad (C_1, C_2 : \text{任意定数}) \end{array}}$

(2) 手順1. $x = e^t$ とおくと

${}^{\textcircled{\scriptsize ケ}} \boxed{\begin{array}{l} xy' = \dot{y}, \ x^2 y'' = \ddot{y} - \dot{y} \text{ なので} \\ \ddot{y} - \dot{y} + y = 0 \end{array}}$

手順2. 求まった方程式を解くと

${}^{\textcircled{\scriptsize コ}} \boxed{\begin{array}{l} \text{特性方程式は } \lambda^2 - \lambda + 1 = 0 \\ \lambda = \dfrac{1}{2} \pm \dfrac{\sqrt{3}}{2} i \\ \text{基本解は } y_1 = e^{\frac{1}{2}t} \cos \dfrac{\sqrt{3}}{2} t, \\ y_2 = e^{\frac{1}{2}t} \sin \dfrac{\sqrt{3}}{2} t \\ \text{一般解は} \\ y = C_1 e^{\frac{1}{2}t} \cos \dfrac{\sqrt{3}}{2} t + C_2 e^{\frac{1}{2}t} \sin \dfrac{\sqrt{3}}{2} t \end{array}}$

手順3. t をもとに戻して一般解を求めると

${}^{\textcircled{\scriptsize サ}} \boxed{\begin{array}{l} x = e^t, \ t = \log x \text{ を代入して} \\ y = \sqrt{x} \left\{ C_1 \cos\left(\dfrac{\sqrt{3}}{2} \log x\right) + C_2 \sin\left(\dfrac{\sqrt{3}}{2} \log x\right) \right\} \\ \hspace{4cm} (C_1, C_2 : \text{任意定数}) \end{array}}$

p.131 ● 演習 33

解 答（途中計算は一部省略）

手順 1．$x=e^t$ とおき，方程式をかき直す．

㋐ $\boxed{x=e^t \text{ とおくと } \ddot{y}-2\dot{y}+3y=e^{2t} \quad \cdots(※)}$

手順 2．得られた定数係数微分方程式を解く．

㋑ 基本解は $y_1=e^t\cos\sqrt{2}\,t,\ y_2=e^t\sin\sqrt{2}\,t$.
特殊解は $v(t)=Ae^{2t}$ とおいて未定係数法で求めると $A=\dfrac{1}{3}$ 　$\therefore\ v(t)=\dfrac{1}{3}e^{2t}$
ゆえに(※)の一般解は
$y=C_1e^t\cos\sqrt{2}\,t+C_2e^t\sin\sqrt{2}\,t+\dfrac{1}{3}e^{2t}$

手順 3．求まった一般解を x の関数にもどす．

㋒ $x=e^t,\ t=\log x$ を代入すると
$y=C_1x\cos(\sqrt{2}\ \log x)+C_2x\sin(\sqrt{2}\ \log x)+\dfrac{1}{3}x^2$ 　（C_1, C_2：任意定数）

p.135 ● 演習 34

解 答 手順 1．①を t で微分する．

$\ddot{x}=$ ㋐ $\boxed{\dot{x}+3\dot{y}}$ 　$\cdots$③

手順 2．①②③を使って y を消去し，x に関する定数係数 2 階同次線形微分方程式をつくる．

㋑ $\ddot{x}=\dot{x}+3(-3x+y)=\dot{x}-9x+3y$
①より $3y=\dot{x}-x$ なので代入して
$\ddot{x}=\dot{x}-9x+(\dot{x}-x)=2\dot{x}-10x$
$\ddot{x}-2\dot{x}+10x=0$

手順 3．得られた微分方程式を解き x を求める．

㋒ $\lambda^2-2\lambda+10=0$
$\lambda=1\pm\sqrt{1-10}=1\pm3i$
これより基本解は $x_1=e^t\cos3t,\ x_2=e^t\sin3t$
一般解は $x=C_1e^t\cos3t+C_2e^t\sin3t$

手順 4．①を使って y を求める．
$\dot{x}$ を求めておくと

$\dot{x}=$ ㋓ $\{e^t(C_1\cos3t+C_2\sin3t)\}'$
$=(e^t)'(C_1\cos3t+C_2\sin3t)$
$+e^t(C_1\cos3t+C_2\sin3t)'$
$=e^t\{(C_1+3C_2)\cos3t+(-3C_1+C_2)\sin3t\}$

①より
$3y=\dot{x}-x$
$=$ ㋔ $\boxed{e^t(3C_2\cos3t-3C_1\sin3t)}$
$\therefore\ y=$ ㋕ $\boxed{e^t(C_2\cos3t-C_1\sin3t)}$

以上より一般解は

㋖ $\begin{cases}x=e^t(C_1\cos3t+C_2\sin3t)\\ y=e^t(C_2\cos3t-C_1\sin3t)\end{cases}$
（C_1, C_2：任意定数）

次に初期条件をみたす特殊解を求める．
条件は $t=0$ のとき $x=$ ㋗ $\boxed{0}$，$y=$ ㋘ $\boxed{1}$ なので
一般解へ代入して C_1, C_2 を求めると

㋙ $\begin{cases}0=1\cdot(C_1\cos0+C_2\sin0)\\ 1=1\cdot(C_2\cos0-C_1\sin0)\end{cases}$, $\begin{cases}C_1=0\\ C_2=1\end{cases}$

これより求める特殊解は ㋚ $\begin{cases}x=e^t\sin3t\\ y=e^t\cos3t\end{cases}$

p.146 ● 演習 35

解 答 手順 1．微分方程式を行列を使ってかき直す．

㋐ $\begin{pmatrix}\dot{x}\\ \dot{y}\end{pmatrix}=\begin{pmatrix}4 & -5\\ 1 & -2\end{pmatrix}\begin{pmatrix}x\\ y\end{pmatrix}$

$\dfrac{d}{dt}\begin{pmatrix}x\\ y\end{pmatrix}=\begin{pmatrix}4 & -5\\ 1 & -2\end{pmatrix}\begin{pmatrix}x\\ y\end{pmatrix}$

$\boldsymbol{x}=\begin{pmatrix}x\\ y\end{pmatrix}$,　$A=$ ㋑ $\boxed{\begin{pmatrix}4 & -5\\ 1 & -2\end{pmatrix}}$

とおくと　$\dfrac{d}{dt}\boldsymbol{x}=A\boldsymbol{x}$ 　$\cdots$①

手順 2．正則行列 P をみつけて係数行列 A を対角化する．

❶ A の固有方程式を解いて固有値を求める．

㋒ $|xE-A|=\begin{vmatrix}x-4 & 5\\ -1 & x+2\end{vmatrix}$
$=(x-4)(x+2)-5\cdot(-1)=x^2-2x-8+5$
$=x^2-2x-3=(x-3)(x+1)=0$

これより固有値は $\lambda_1=$ ㋓ $\boxed{3}$，$\lambda_2=$ ㋔ $\boxed{-1}$．

❷ それぞれの固有ベクトル $\boldsymbol{v}_1, \boldsymbol{v}_2$ を 1 つずつ求める．

・$\lambda_1=$ ㋓ $\boxed{3}$ のとき，$A\boldsymbol{v}_1=$ ㋕ $\boxed{3}\ \boldsymbol{v}_1$ となる

$\boldsymbol{v}_1=\begin{pmatrix}u_1\\ v_1\end{pmatrix}$ を 1 つ求める．

[キ]
$$\begin{pmatrix}4 & -5\\1 & -2\end{pmatrix}\begin{pmatrix}u_1\\v_1\end{pmatrix}=3\begin{pmatrix}u_1\\v_1\end{pmatrix}$$
$$\begin{cases}4u_1-5v_1=3u_1\\ u_1-2v_1=3v_1\end{cases}$$
$$\begin{cases}u_1-5v_1=0\\ u_1-5v_1=0\end{cases}$$
これらをみたす u, v の1組は
$u_1=5, v_1=1$（他の値でもよい）

$\therefore\ \boldsymbol{v}_1=$ [ク] $\begin{pmatrix}5\\1\end{pmatrix}$

・$\lambda_2=$[オ] -1 のとき，$A\boldsymbol{v}_2=$[ケ] (-1) $\boldsymbol{v}_2$ となる

$\boldsymbol{v}_2=\begin{pmatrix}u_2\\v_2\end{pmatrix}$ を1つ求める．

[コ]
$$\begin{pmatrix}4 & -5\\1 & -2\end{pmatrix}\begin{pmatrix}u_2\\v_2\end{pmatrix}=(-1)\begin{pmatrix}u_2\\v_2\end{pmatrix}$$
$$\begin{cases}4u_2-5v_2=-u_2\\ u_2-2v_2=-v_2\end{cases}$$
$$\begin{cases}5u_2-5v_2=0\\ u_2-v_2=0\end{cases}$$
これらをみたす u_2, v_2 の1組は $u_2=1, v_2=1$
（他の値でもよい）

$\therefore\ \boldsymbol{v}_2=$ [サ] $\begin{pmatrix}1\\1\end{pmatrix}$

そこで

$P=(\boldsymbol{v}_1\quad \boldsymbol{v}_2)=$ [シ] $\begin{pmatrix}5 & 1\\1 & 1\end{pmatrix}$

とおくと A は次のように多角化される．

$P^{-1}AP=$ [ス] $\begin{pmatrix}3 & 0\\0 & -1\end{pmatrix}$

手順3．$P^{-1}\boldsymbol{x}=\boldsymbol{u}, \boldsymbol{u}=\begin{pmatrix}u\\v\end{pmatrix}$ とおいて①を変換する．
①の両辺に左から P^{-1} をかけると

$$P^{-1}\left(\frac{d}{dt}\boldsymbol{x}\right)=P^{-1}(A\boldsymbol{x}),$$

$$\frac{d}{dt}(P^{-1}\boldsymbol{x})=(P^{-1}AP)(P^{-1}\boldsymbol{x})$$

$$\frac{d}{dt}\boldsymbol{u}=\text{[セ]}\begin{pmatrix}3 & 0\\0 & -1\end{pmatrix}\boldsymbol{u}$$

手順4．$\boldsymbol{u}$ を求める．

[ソ]
$$\begin{pmatrix}\dot{u}\\ \dot{v}\end{pmatrix}=\begin{pmatrix}3 & 0\\0 & -1\end{pmatrix}\begin{pmatrix}u\\v\end{pmatrix}$$
$$\begin{cases}\dot{u}=3u\\ \dot{v}=-v\end{cases}$$
これを解くと $\begin{cases}u=C_1e^{3t}\\ v=C_2e^{-t}\end{cases}$

$\boldsymbol{u}=$ [タ] $\begin{pmatrix}C_1e^{3t}\\C_2e^{-t}\end{pmatrix}$

手順5．$\boldsymbol{x}$ を求める．

$\boldsymbol{x}=P\boldsymbol{u}=$ [チ] $\begin{pmatrix}5 & 1\\1 & 1\end{pmatrix}\begin{pmatrix}C_1e^{3t}\\C_2e^{-t}\end{pmatrix}=\begin{pmatrix}5C_1e^{3t}+C_2e^{-t}\\C_1e^{3t}+C_2e^{-t}\end{pmatrix}$

これより

$$\begin{cases}x=\text{[ツ]}\ 5C_1e^{3t}+C_2e^{-t}\\ y=\text{[テ]}\ C_1e^{3t}+C_2e^{-t}\end{cases}$$
（C_1, C_2：任意定数）

p.148 総合演習2

（C_1, C_2 等は任意定数とする）

(1) [1] $y=C_1e^{-4x}+C_2e^{2x}$,
$y=-e^{-4x}+e^{2x}$

(2) [1] $y=C_1e^{-3x}\cos 4x+C_2e^{-3x}\sin 4x$,
$y=e^{-3x}\cos 4x+e^{-3x}\sin 4x$

(3) [1] $y=C_1e^{\sqrt{5}x}+C_2e^{-\sqrt{5}x}$,
$y=\dfrac{1}{2}(e^{\sqrt{5}x}+e^{-\sqrt{5}x})$

(4) [1] $y=C_1+C_2e^{-3x}+C_3xe^{-3x}$,
$y=1-xe^{-3x}$

(5) [2] $y=C_1e^{-2x}+C_2e^{-x}+\dfrac{1}{20}(-\cos 2x+3\sin 2x)$,
$y=\dfrac{1}{20}\{2e^{-2x}+e^{-x}+(-\cos 2x+3\sin 2x)\}$

(6) [2] $y=C_1e^{2x}+C_2e^{x}-xe^{x}$,
$y=e^{2x}-(1+x)e^{x}$

(7) [2] $y=e^{x}\left(C_1\cos x+C_2\sin x-\dfrac{1}{2}x\cos x\right)$,
$y=\dfrac{1}{2}e^{x}(2\cos x+\sin x-x\cos x)$

(8) [2] $y=e^{x}\left\{C_1+C_2x+\dfrac{1}{4}x^2(2\log x-3)\right\}$,
$y=\dfrac{1}{4}e^{x}(2x^2\log x-3x^2+4x+3)$

(9) $\boxed{4}$ $y = C_1 x + C_2 x \log x$,

$\qquad y = x(2 - \log x)$

(10) $\boxed{4}$ $y = C_1 x^5 + \dfrac{C_2}{x} - \dfrac{1}{9} x^2 \log x$,

$\qquad y = \dfrac{1}{54} \left(x^5 - \dfrac{1}{x} - 6x^2 \log x \right)$

(11) $\boxed{5}$ $\begin{cases} x = C_1 e^{3t} + C_2 e^{-t} \\ y = C_1 e^{3t} + 5C_2 e^{-t} \end{cases}$

$\qquad \begin{cases} x = -e^{3t} + e^{-t} \\ y = -e^{3t} + 5e^{-t} \end{cases}$

(12) $\boxed{5}$

$\begin{cases} x = 5C_1 \cos t + 5C_2 \sin t + 5 \\ y = (2C_1 + C_2) \cos t + (-C_1 + 2C_2) \sin t + 2 \end{cases}$

$\begin{cases} x = -5 \cos t + 5 \\ y = -2 \cos t + \sin t + 2 \end{cases}$

p.113 ● Column の補足
宝箱を埋めた地点の座標の求め方

$$z = \frac{1}{25}(50 - x^2 - 2y^2) \quad \cdots ①$$

築山の麓の方程式は，①において $z = 0$ として得られ，次の楕円の式となる．

$$\frac{x^2}{(5\sqrt{2})^2} + \frac{y^2}{5^2} = 1 \quad \cdots ①'$$

等高線の方程式は①において $z = C$ とおいて求まる．

$$C = \frac{1}{25}(50 - x^2 - 2y^2) \quad \cdots ②$$

②の両辺を x で微分すると

$$y' = -\frac{x}{2y}$$

y' は等高線の接線の傾きを表すので，直交条件より直交軌道 y の満たす微分方程式

$$y' = \frac{2y}{x}$$

が求まる．これは変数分離形なので，解くと

$$y = Ax^2 \quad （A は任意定数）$$

灯篭のある地点 $\left(5, \dfrac{5\sqrt{2}}{2} \right)$ を通るように A を定めると，次の直交軌道が求まる．

$$y = \frac{\sqrt{2}}{10} x^2 \quad \cdots ③$$

一方，宝箱を埋めた地点のある等高線は

$z = 1.25 = \dfrac{5}{4}$ として②に代入すると，次の楕円の式となる．

$$x^2 + 2y^2 = \frac{75}{4} \quad \cdots ④$$

③と④の交点が宝箱の位置なので，③，④の連立方程式を解く．③を④へ代入して整理すると

$$(2x^2)^2 + 50(2x^2) - 75 \cdot 25 = 0$$
$$(2x^2 + 75)(2x^2 - 25) = 0$$

$x > 0$ より x の値を求め，③へ代入して y の値を求めると，次のように宝箱を埋めた地点が求まる．

$$\left(\frac{5\sqrt{2}}{2}, \ \frac{5\sqrt{2}}{4}, \ \frac{5}{4} \right)$$

だいたいの数値は

$$(3.54, \ 1.77, \ 1.25) \qquad （単位は m）$$

索　　引

著者紹介

石^{いし}村^{むら}園^{その}子^こ

石 村 園 子
津田塾大学大学院理学研究科修士課程修了
元千葉工業大学教授

主な著書

『改訂新版 すぐわかる微分積分』共著
『改訂新版 すぐわかる線形代数』共著
『演習 すぐわかる微分積分』
『演習 すぐわかる線形代数』
『すぐわかるフーリエ解析』
『すぐわかる代数』
『すぐわかる確率・統計』
『すぐわかる複素解析』
『増補版 金融・証券のためのブラック・ショールズ微分方程式』共著
（以上 東京図書 他多数）

畑^{はた}宏^{ひろ}明^{あき}

畑 宏 明
大阪大学大学院基礎工学研究科博士後期課程修了
一橋大学教授

主な著書

『改訂新版 すぐわかる微分積分』共著
『改訂新版 すぐわかる線形代数』共著

かいていしんぱん び ぶんほうていしき
改訂新版 すぐわかる微分方程式

	© Sonoko Ishimura,
1995 年 9 月 25 日 第 1 版第 1 刷発行	Hiroaki Hata,
2017 年 2 月 25 日 改 訂 版第 1 刷発行	1995, 2017, 2023
2023 年 12 月 25 日 改訂新版第 1 刷発行	Printed in Japan

著 者 石 村 園 子

畑 宏 明

発行所 東京図書株式会社

〒102-0072 東京都千代田区飯田橋 3-11-19
振替 00140-4-13803 電話 03(3288)9461
http://www.tokyo-tosho.co.jp/

ISBN 978-4-489-02420-7